廣瀬英雄 著

推薦システム

マトリクス分解の多彩なすがた

統計学 One Point 22

共立出版

「統計学 One Point」編集委員会

「統計学 One Point」刊行にあたって

まず述べねばならないのは，著名な先人たちが編纂された共立出版の『数学ワンポイント双書』が本シリーズのベースにあり，編集委員の多くがこの書物のお世話になった世代ということである．この『数学ワンポイント双書』は数学を理解する上で，学生が理解困難と思われる急所を理解するために編纂された秀作本である．

現在，統計学は，経済学，数学，工学，医学，薬学，生物学，心理学，商学など，幅広い分野で活用されており，その基本となる考え方・方法論が様々な分野に散逸する結果となっている．統計学は，それぞれの分野で必要に応じて発展すればよいという考え方もある．しかしながら統計を専門とする学科が分散している状況の我が国においては，統計学の個々の要素を構成する考え方や手法を，網羅的に取り上げる本シリーズは，統計学の発展に大きく寄与できると確信するものである．さらに今日，ビッグデータや生産の効率化，人工知能，IoT など，統計学をそれらの分析ツールとして活用すべしという要求が高まっており，時代の要請も機が熟したと考えられる．

本シリーズでは，難解な部分を解説することも考えているが，主として個々の手法を紹介し，大学で統計学を履修している学生の副読本，あるいは大学院生の専門家への橋渡し，また統計学に興味を持っている研究者・技術者の統計的手法の習得を目標として，様々な用途に活用していただくことを期待している．

本シリーズを進めるにあたり，それぞれの分野において第一線で研究されている経験豊かな先生方に執筆をお願いした．素晴らしい原稿を執筆していただいた著者に感謝申し上げたい．また各巻のテーマの検討，著者への執筆依頼，原稿の閲読を担っていただいた編集委員の方々のご努力に感謝の意を表するものである．

編集委員会を代表して　鎌倉稔成

まえがき

　推薦システムは商品を購買しようとする顧客にお薦めの商品を紹介するシステムである．それによって，顧客はちょうど欲しいと思っていた商品を買うことができてうれしくなる．また，商品を売る側にとっても売り上げが上がってうれしい．買う側も売る側も両方ハッピーになれる．

　では，どうやってお薦めの商品を紹介するのか．それが本書で取り扱うテーマである．推薦するには根拠が要る．それにはデータが必要となる．ここでは，顧客をユーザー，商品をアイテムと呼ぶ．あるユーザーの過去の購買履歴だけでなく，その人に似通った好みを持つユーザーの履歴を追ったり，あるいは，対象とするアイテムに関連したものから探し出したり，商品そのものの内容を調べたり，あるいは最近の流行りを見つけたりと，さまざまなデータが活用される．好みや価値は，通常，5段階などの離散的な数値（1, 2, 3, 4, 5）で表されることが多い．また，アイテムやユーザーには背後データが付くこともある．その際，それらのデータが電子的に蓄積されていることが重要になるが，最近では，購入実績だけでなく，購入のプロセス段階からオンラインで商品を閲覧できるため，ブラウザー上でユーザーがクリックすると同時にデータが蓄積されていく．

　したがって，対象とするデータは，最も典型的な場合，ユーザーとアイテムから構成されるマトリクス[1]で表現できる．マトリクスの要素には，ユーザーがアイテムを「買った」という履歴だけを数値 1 で表す場合や，ユーザーがアイテムを使用した後，そのアイテムをどう評価したかという離散的な評価値が入る場合がある．ユーザーがアイテムに関わるときとそうでないときがあるため，マトリクスには数値が入っているものと入っていないものが混在する．つまり，推薦システムでは空欄のあるマトリクス

---

[1]本書では「行列」という言葉を用いず「マトリクス」という言葉で統一している．

を取り扱うことになる．そして，推薦システムでは，数値の入った情報を用いて空欄となっている要素の評価値を予測するというのが基本的な目標になる．これは，協調フィルタリングの中でモデルベースと呼ばれるものであるが，このほかにも，コンテンツベース，知識ベース，あるいはそれらを複合的に用いるものなど，さまざまな方法が考えられている．

　では，推薦システムはどのような仕組みになっているのだろうか．例えば，これまで統計やデータサイエンスとして取り扱われてきた分類や回帰とは全く別の枠組みのものだろうか．機械学習で取り扱うさまざまな方法論とは関係があるのだろうか．実は，空欄のあるマトリクスをすべて埋めるということは，分類や回帰の拡張とも解釈できるし，機械学習のさまざまな分野と密接に関わっている．そのため，その分野で使われてきた方法論を参考にして推薦システムに適用できる可能性もあるし，逆に，推薦システムに特有な方法論が他の分野の予測に使われる可能性もある．推薦システムは，統計的な分類／回帰問題や，機械学習で用いられるさまざまな方法論を統合，包含しているというとらえ方もできよう．

　本書では，まずはじめに，推薦システムの本質は何かということについて，例を用いながら，その要点を簡潔に述べる．特に，推薦システムの中で最も特徴的な，マトリクスの空欄を埋めるアルゴリズムを中心的に取り扱う．その後，伝統的な協調フィルタリングを説明し，モデルベースの中心的なアルゴリズムであるマトリクス分解法について述べている．そして，コンテンツベース，知識ベースのシステムを紹介した後，アンサンブルベースのシステム，時間や空間を意識したモデル，コールドスタート問題，攻撃に強いシステムなども簡単に紹介し，最後に，推薦システムがさまざまな分野にも応用できることを示している．また，理工系大学での数理的な知識がなくても本書への理解が容易になるように，線形代数の基礎，統計的な基礎，数値計算や最適化法に関わる基礎については，重要と思われるところを本書巻末の付録 A で簡単に説明している．また，付録 B には，本書で取り扱っている項目反応理論の簡単な説明を示した．

　したがって，本書では，推薦システムの中枢的な部分のアルゴリズムを，予備知識がなくても理解できるように構成している．また，推薦シス

テムの多様な方法論についても全体にわたって簡潔に説明するように努めた.

　さらに，第8章では，推薦システムのアルゴリズムが，商品販売促進に使われているというだけでなく，統計やデータサイエンスあるいは機械学習などの多様な分野から成り立っていることを示す事例として，リスク予測や教育分野への応用も可能であるような例を示し，推薦システムの他分野への利用の可能性にも触れている.

　推薦システムは，決してある専門的な分野に特化して閉じた領域の中で成立するような固定化されたものではなく，数学，統計，情報分野のさまざまな要素がネットワークとして結び付いて有機的に機能しているものである. 本書によって，推薦システムが直接的に目指すことへの成果が得られればもちろんのこと，示されたアルゴリズムにヒントを得てさらに他の予測分野への展開がなされれば幸いである.

　推薦システムの応用分野については，九州工業大学情報工学部廣瀬研究室の学生のみなさまの協力によって成し遂げられたところが多くあります. ここに謝意を表します. また，共立出版の編集のみなさまには，筆が遅いのを辛抱強く待っていただきながらも，貴重なご助言を賜り大変お世話になりました. 厚く御礼を申し上げます.

2022年11月

廣瀬英雄

目　　次

第 **1** 章

推薦システムとは何か

1.1　推薦システムとは

　推薦システム（レコメンダーシステム，recommender system）とは何だろうか．Amazon で何かを買おうとしたときに「これはどうですか」と薦めてくれるようなシステムがすぐに思い浮ぶ．それは，膨大な購入履歴データをもとにして，購入者（ユーザー，user）が次に買ってくれそうなもの（アイテム，item）をコンピュータが適切に選んで薦めてくれるシステムの 1 つである．では，どのようにして薦めるアイテムを見つけているのだろうか．つまり，どのようなアルゴリズムが用いられているのだろうか．

　まだコンピュータがそれほど普及していなかった頃，ユーザーにアイテムを薦めるのはどのようにして行われていたのか振り返ってみよう．例えば，ある CD ショップ．あるユーザーがその店に通い，販売員と話していると，お互いにユーザーの好みがわかるようになってくる．すると販売員は，あるジャンルだとか，ある演奏家だとか，まだユーザーが知らないような情報を与えてくれる．ユーザーがそれに興味を持てば，買ってみよう，ということになる．好みがわかるというのは，そのユーザーと似たような好みを持つ人の購入履歴を参考にできるということである．販売員は無意識にそのユーザーと別の似たようなユーザーとを結びつけているのかもしれない．あるいは，販売員は，専門雑誌から得た最新の情報をもとに

ユーザーに薦めることもあるだろう．その際，深い知識を得て行動していることになる．このように，過去のデータを参照したり，知識を参照したりすることによって，販売員が独自の推薦アルゴリズムを遂行していたと解釈される．

　しかし，衣服を買うときは，CD を買うときとは少し違う．もちろん，ユーザーの好みで選ぶことも多いと思われるが，ユーザーの（それまでの）好みや経験とは全く異なる新しい服にチャレンジして，自分の好みの枠を広げていくこともある．販売員は，これからの流行，新鮮な色合い，意外な組み合わせなど，そのユーザーの気がつかなかった面を開拓してくれる．この場合，過去の購入履歴とは別の情報が使われていることが考えられる．つまり，それまでのユーザーの枠組みを超えようとしている．レストランの料理を選ぶときも同じようなことがある．

　このどちらのケースも推薦システムの枠組みに入る．ただ，コンピュータは使われていない．コンピュータはデータを蓄積して分析することが得意なので，これまで蓄積してきた暗黙知を参考にアルゴリズムの構築ができるかもしれない．したがって，前者のような場合には，販売員のお薦めよりも幅広い範囲でアイテムを紹介できるかもしれない．しかし，後者ではコンピュータにとっても難しい．それは，前者は内挿 (interpolation) に，後者は外挿 (extrapolation) にあたるからである．しかし，後者でも，さまざまな方法から得られた結果を示すことはでき，人間の暗黙知に頼るよりははるかに良いかもしれない．

　単にコンピュータを使って計算するというだけではない．データの入手やフィードバックについてもオンラインを使った商取引などで Web が重要な役割を果たすようになってきた．ユーザーが画面にタッチすれば簡単に記録がとれ，レスポンスが即座に返せるような双方向のシステムが自由に使えるようになってきている．例えば，タッチやクリックによってユーザーがアイテムを購入または閲覧するという単純な行為そのものが，そのアイテムに対する承認とみなされることがある．その際，ユーザーとアイテムとの間の相互作用の蓄積データを使って，ユーザーが次のアイテムを購入する可能性を求めることができる．これは，過去の関心と傾向が将来

の選択の良い指標になることが多いからである．過去の履歴とはまったく異なる新しい情報を使う場合でも，知識の蓄えの中から有用な情報を引き出すことになるので，やはりコンピュータへのオンラインレスポンスは重要になる．

このように，コンピュータやオンラインシステムの利用が普通になってきた今日では，以前は販売員の知識から「推薦」を受けていた内容が，その場に行かなくても得られるようになってきている．また，新しいジャンルにチャレンジするという意味では，オンラインはチャンスが増えるということにもなる．そこには推薦システムが働く場面がある．例えば，先のCDショップの場合，最近では販売員の代わりをするのがSpotify[1]のようなものだろう．あるいは，ZOZO[2]のようなアパレル通販サイトも推薦システムを使っている．また，ブランド品を自分で揃えるのは大変なので，いくつもの有名なバッグなどブランド品をシェアしようというビジネスで評判を呼んだのがラクサス[3]であるが，そこにも推薦システムの考え方が使われている．

Amazonは，オンラインによって商品や製品を販売しており，そのカテゴリーは，本，ミュージック，PCソフト，パソコン・周辺機器など，事実上すべてのカテゴリーの製品にわたる．特に，2019年からの新型コロナウイルス (COVID-19) 感染症流行時など，店頭に直接出向かなくてもオンラインで注文して自宅に配送してもらえるシステムは，売り上げが物語るとおり，大変重宝された．したがって，販売員の目の前で直接購入する場面よりも，オンラインでコマーシャルメッセージなどを通して間接的に商品を薦める方が非常に効果的な時代になってきている．Amazonの初期の推薦システムのアルゴリズムのいくつかは文献 [100] で紹介されている．Google，Facebookなども，コマーシャルメッセージを使って間

---

[1]Spotify が用いている推薦システムは，アルゴリズムの予測精度が高く評判を得ている．https://medium.com/eureka-engineering/spotify の推薦システムと多様性について-a44d00955406

[2]https://techblog.zozo.com/entry/zozotown-item-recommend-infra-arch

[3]https://corp.laxus.co
https://www.capa.co.jp/archives/31720

接的に商品を薦めることで収益を上げている．Google の推薦システムの
アルゴリズムは文献 [43] で紹介されている．また，YouTube に関連する
文献 [40, 26, 39] も紹介されている．このように，推薦システムは，ネッ
トワーク時代を反映してますます重要性が増してくると考えられる．

　本書では，データが何らかの形であるとき，それを使ってユーザーにア
イテムを薦めようとするアルゴリズムについて述べようとしている．それ
は，後で述べるが，マトリクス（行列，matrix）の取り扱いが中心にな
る．推薦システム開発は，そのアルゴリズムを用いて商取引の利益を上げ
るのが当初の目的ではあるが，本書ではそれにとどまらず，アルゴリズム
が意味するところを可能な限りわかりやすく解きほぐしてみたい．アルゴ
リズムを理解すれば，これまでさまざまな方法によって取り扱われてきた
いろいろな問題の解決法にも適用できるからである．これらは第 8 章で
例示するとおり，別視点からの問題解決である．

　本書で取り扱う内容にはマトリクスの説明の割合が大きい．そこで，本
書を読み進めていく上で，初めてマトリクスの演算について触れる人にも
読みやすくなるように，それに関連する線形代数の要点を，付録 A.1 に
簡潔に説明している．必要に応じて参照してほしい．

1.2　推薦システムとマトリクス

穴埋め問題

　推薦システムが何をやろうとしているかについては上に述べたとおりで
あるが，要点を押さえるために極端に簡略化した図で説明してみたい．図
1.1 には，7 行 × 5 列 の表に 1 から 5 までの数値が書き込まれている．た
だ，右下の 1 ヶ所は空欄のままで数値が書き込まれていない．ここに適
切と思われる 1 から 5 までの数値を入れてみたい．

　図 1.1 はナンバーパズルのようにも見えるだろう．ナンバーパズルで
は，横に見たら等差数列になっていたりとか，縦に見たら上下の掛け算に
なっていたりとかのルールを予想して，そのルールに従って穴埋めを行う
というように，ルールを探すことがよく行われる．そのとき，行と列に特

アイテム

	$j1$	$j2$	$j3$	$j4$	$j5$
$i1$	2	2	4	3	5
$i2$	1	3	3	2	4
$i3$	3	4	5	3	5
$i4$	2	1	4	4	3
$i5$	2	2	5	3	3
$i6$	3	4	5	4	4
$i7$	1	2	3	3	

ユーザー

図 1.1 穴埋め問題の例

別な性格は与えられない．しかし，ここでは，行にはユーザー（例えば商品の購入者）が，列にはアイテム（例えば商品やブランド）のような性格が背景にあることを前提にしよう．また，1 という数値には，購入者はその商品をまったく好まない，5 という数値には，購入者はその商品をとても好んでいる，というように商品に対する評価値という意味も込める．

推薦システムというのは，とても簡単にいえば，このようなマトリクスの空欄を埋める作業ととらえれば理解しやすい．もちろん，それがすべてではない．

穴埋め問題と聞けば，何だ簡単そうじゃないかと思うかもしれないが，行と列の性格が示されているだけで，そのルールはまったく示されていない．すると，ここに来て途端に難しい問題になってくることがわかる．例えば，$i7$ を横に見ていくと，2 か 3 が入りそうである．$j5$ を縦に見ていくと 3 か 4 が入りそうである．全体を眺め回して見ると 3 のような気もする．このように，個人の感覚で想像するのは簡単そうであるが，どれもあやふやである．誰もが納得する形にするためには，こういう考え方で計算するとこうなると説明できるような，定式化や基準化が必要になってくる．これが，推薦システムのアルゴリズムと呼ばれる部分になる．では，推薦システムはどうやってそれを表現しようとしているのだろうか．

先の，$i7$ に注目するとか $j5$ に注目するとかは，その行や列での平均を見ているかもしれないし，全体を見るというのもマトリクス全要素の平均かもしれない．実際，これらはそれぞれ，2.3，4，3.1 である．まだ，

2 が適切か，3 が適切か，それとも 4 なのかはよくわからない．それに，これだけでは単純すぎるので，ここでは，統計学や機械学習に少し馴染みがある人に，少しだけもっともらしい説明を与えるところから始めてみたい．

1.2.1　空欄の位置が規則的なとき

　ここで，空欄の位置が規則的なときというのは，空欄が表のある部分にかたまって配置されている場合をいう．例えば，図 1.1 に示す表では，空欄は下側の行，右側の列の部分に集中的に配置されている．この図の場合，1 つの要素だけが示されているが，行も列も（かたまった形であれば）複数であってかまわない．このとき，これまで使ってきた統計的な方法や線形代数の方法で穴埋めを行うことができる．

線形回帰

　まず，最初に，この表を，$y = f(x)$ の式を満たすいくつかの (x, y) が与えられていたものと解釈してみよう．x は，実は $j1$ から $j4$ までの 4 つの変数を使った 4 次元ベクトルで，y は $j5$ に表されたスカラーであり，$i1$ から $i6$ は 6 つのケースについての観測値であると考える．$i7$ にはまだ x の観測値しか得られておらず，y は予測値になると考えよう．

　この 6 行 5 列のデータからまず $y = f(x)$ の f を推定する．この推定された f を $\hat{f}$ と書くことにする．そして，今度は，$\hat{f}$ に，$i7$ の $j1$ から $j4$ に示された x の値を使って $(i7, j5)$ の y を予測してみたい．これは，回帰 (regression) 問題である．f が x についての 1 次式であれば線形回帰 (linear regression) ということになる．つまり，各 $i(i = 1, \ldots, 6)$ に対する 6 つのベクトル $(x_{i1}, x_{i2}, x_{i3}, x_{i4})^{\mathsf{T}}$ の値と 6 つのスカラー y_i の値をセットにしたマトリクスを用いて，回帰式

$$y_i = \beta_0 + \beta_1 x_{i1} + \cdots + \beta_4 x_{i4}, \ (i = 1, \ldots, 6) \tag{1.1}$$

を満たす最適なベクトル $(\beta_k)^{\mathsf{T}}$ $(k = 0, 1, 2, 3, 4)$ の値を求めるということになる．ここで，記号 "T" は転置を表す．

実際に表の値を用いて β_k ($k = 0, 1, 2, 3, 4$) を（最小 2 乗法によって）推定すると，

$$\hat{\beta}_0 = 9.63, \quad \hat{\beta}_1 = 3.02, \quad \hat{\beta}_2 = -0.354, \quad \hat{\beta}_3 = -1.48, \quad \hat{\beta}_4 = -1.52 \quad (1.2)$$

となる．これを用いて，回帰式に $(x_{71}, x_{72}, x_{73}, x_{74})^\mathsf{T}$ の値を代入して，$(i7, j5)$ での y_7 の値を推定すると

$$\hat{y}_7 = 2.94 \quad (1.3)$$

が得られる．もし，$(i7, j5)$ の数値を 1〜5 の中からどれかを選ぶとしたら，3 が適切ということになる．このように，単に感覚的に穴埋めをしたのではなく，回帰を使って求めたということで少しは説得力が増す．

先の平均などを使って求めていた値も穴埋め問題の 1 つと考えられるが，上で示したことは，（誤差の）距離最小化という基準化（あるいは尤度最大化という基準化）のもとでの線形回帰という定式化から求めるというのも，穴埋め問題の推薦システムアルゴリズムの 1 つとみなしてもよいことを示している．

1.2.2 空欄の位置が不規則なとき

ここで，今度は，表の $(i7, j5)$ に加えて，背景が白くなっている $(i1, j1)$, $(i2, j2)$, $(i3, j4)$, $(i4, j3)$, $(i5, j5)$, $(i6, j1)$ の部分にも数値が入っていなかったとしよう（図 1.2）．このときにも，何とかしてこれらの空

アイテム

	j1	j2	j3	j4	j5
i1		2	4	3	5
i2	1		3	2	4
i3	3	4	5		5
i4	2	1		4	3
i5	2	2	5	3	
i6		4	5	4	4
i7	1	2	3	3	

ユーザー（縦書き、左側ラベル）

図 1.2 空欄の位置が不規則な穴埋め問題

欄の値を求めたい.

　この場合, 一般によく用いられている回帰では, 表に欠測データがあるため初等的な方法ではお手上げ[4]になる.

　そこで, 推薦システムの初期の頃に用いられていた方法として, ベクトル間の類似性を使って求める方法について見ていこう. 相関係数はその典型である.

相関係数

　マトリクス全体を見渡して, $i7$ の行が他の行のどれかに似ているとき, その行の情報を使って空欄を埋めることが考えられる. 例えば, $i1$ と $i6$ ではどちらが $i7$ に似ているだろうか. $i1$ と $i6$ のどちらにも $j2$ から $j4$ まで数値が入っているので, $i1$ と $i7$, $i6$ と $i7$ の相関係数はそれぞれ 0.9 と 0.5 と計算できる. したがって, 相関係数からは $i7$ は $i6$ よりも $i1$ の方が似ているといえる. そこで, 空欄には $i1$ の $j5$ の値をそのまま写して 5 と考える.

　これが, 第3章で述べる最近傍ベース協調フィルタリングの原型である. もちろん, 相関はすべての2つの行間, あるいは列間で計算され, いくつかの行や列の情報が予測に採用されることになっている.

マトリクス分解法

　線形代数をすでに習っていて, マトリクスの積には馴染みがあるとしよう (必要に応じて付録 A.1.1 を参照してほしい). $m \times k$ マトリクス A と $k \times n$ マトリクス B を掛け算すると $m \times n$ マトリクス $C = AB$ ができあがる. 今, マトリクス C の要素が全部埋まっておらず欠落があるとする. この穴埋めを行いたいというのが穴埋め問題であった.

　もし, A と B がすべての要素にデータが埋まっている完全マトリクス (complete matrix) であれば, A と B を掛け算した C も完全マトリクスになる. そこで, A と B を完全マトリクスと想定して A と B を掛け算

---

[4]ただし, 少し高度になるが, 代入法 (imputation) という方法を使える. しかし, ここではそこまでは言及しない.

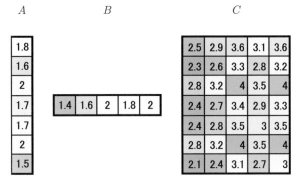

$$A \qquad\qquad B \qquad\qquad\qquad C$$

図 1.3 マトリクス A と B の積 C

Cを膨張

2	3	4	3	4
1	2	3	2	3
2	3	5	4	5
1	2	4	3	4
2	2	4	3	4
2	3	5	4	5
1	2	3	2	3

観測データ

	$j1$	$j2$	$j3$	$j4$	$j5$
$i1$		2	4	3	5
$i2$	1		3	2	4
$i3$	3	4	5		5
$i4$	2	1		4	3
$i5$	2	2	5	3	
$i6$		4	5	4	4
$i7$	1	2	3	3	

図 1.4 線形膨張させたマトリクス C と観測結果の比較

する．その際，C の要素のうちの欠落していない要素が，A と B の積の対応する要素にそれぞれ近くなるように，A と B の要素（(a_{ij}) と (b_{ij})）を求めるという問題に置き換える．すると，A と B の積から C の欠落した要素が浮き上がってくる．つまり，C の穴埋め問題を A と B それぞれを求めることに置き換えるという発想がマトリクス分解法である．

　なぜ，マトリクスの積なのか，A と B を求めることはかえって手間が増えそうではないか，A と B が何なのかわからないままそんな無茶をやっていいのか，と感覚的には思う．しかし，計算の手間はかかるものの，これが他の方法よりも結構うまくいくのである．

　図 1.3 に，A と B を適当に作ってその積 C を求めた結果を示す．実は，A は，もとの表の行ごとの平均の平方根を与えたベクトルからできてお

り，B は，もとの表の列ごとの平均の平方根を与えたベクトルからできている．

　図 1.3 の C は図 1.1 に対応するものであるが，値（濃淡）が少し中心の方に縮小しているように見える．そこで，最小値が 1 に，最大値が 5 になるように C の値を線形に膨張させたものが，図 1.4 の左側である．比較のため，図の右側には図 1.1 と同じものを置いてみた．両図は非常によく似た傾向を示していることがわかる．このことは，マトリクス A と B が，単に掛け算してたまたまうまくいっただけという以上に，マトリクス分解に対して，どのような性格を持っているかを与えるヒントにつながっている．

1.2.3　推薦システムアルゴリズムと統計的方法

　上で見てきたように，一般に使われている回帰では，表に欠測データがあるため，少し高度な方法を用いなければお手上げであるが，推薦システムアルゴリズムはこれを解決できるようにしている．

　また，統計的な回帰問題では，行か列のどちらかが独立変数（あるいは説明変数）で他方が従属変数（あるいは目的変数）として取り扱われるが[5]，推薦システムアルゴリズムでは，行や列に x とか y などの独立変数や従属変数のような区別は特に設けていない．どちらかといえば，推薦システムでのマトリクスの取り扱いは，統計問題では主成分分析の方に似ている．すると，推薦システムアルゴリズムは，統計的な問題解決法を含むような広い問題まで取り扱っているとも解釈できる．

　ところで，$y = f(x)$ の y の値が離散値であれば，回帰問題ではなく分類問題になるので，推薦システムアルゴリズムは分類問題も含むということができる．そこで，回帰問題や分類問題側で蓄積された方法論を推薦システムアルゴリズムの中に組み込むような拡張も考えることが可能になるだろう．

---

[5] 変数 x が写像（関数）f によって変数 y に写されるとき，$y = f(x)$ と表し，x を独立変数，y を従属変数と呼ぶ．

1.3 本書の内容

　本書では，推薦システムに組み込まれている中心的なアルゴリズムを紹介し，またアルゴリズムの長所と短所，およびそれらが効果を発揮する場面の事例を紹介する．先に示したように，推薦システムは典型的なケースを考えると，マトリクスの穴埋め問題と解釈することができる．一方で，従来の統計的な回帰問題や機械学習法を使った分類問題などの問題解決法は，このマトリクスの穴埋め問題と同様な方法論とみなすこともできる．

　図 1.5 に，一般に使われている回帰や分類への問題解決の模式図と，ここで取り扱う推薦システムへの問題解決の模式図の対比を，文献 [4] を参考にしたマトリクス形式で示している．観測値は，トレーニングデータとテストデータに分けられてモデル構築に使われ，空欄の部分の予測を行うことになる．図の右側では，ユーザーとアイテムという 2 つの特徴からなる観測値で，観測されている場合と観測されていない場合の要素が不規則に点在している状況を，図の左側では，それらが特定の場所に規則的に配置されている状況を表している．図の右では，どれがトレーニングデータで，どれがテストデータかの区別もなく（付録 A.4.1 を参照），どれが独立変数でどれが従属変数であるかの区別もない．推薦システムでは，このまばらに点在した観測結果からモデルを構築し，観測されていない要素の予測を行うという，極めて自由度の高い問題になる．統計的推定や機械学習として取り扱われてきた方法論は，拡張されて右側の方法にも展開できる可能性があり，逆に，右側で開発された予測方法はそのまま左側にも適用できることがこの図から示唆される．

　そこで，第 2 章では，マトリクス分解法が持つ適用性の多彩さを示すいくつかの事例を紹介する．回帰や分類などの統計的問題や機械学習における問題，さらには教育学分野や心理学でよく用いられる項目反応理論にまで機能を発揮できることを示す．

　第 3 章から第 7 章までは，古典的な推薦システムのアルゴリズムから最近のアルゴリズムまでを取り扱う．まず，第 3 章では，推薦システムの代表格アルゴリズムである最近傍ベース協調フィルタリングについて説

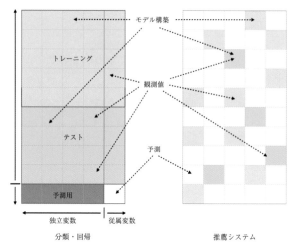

図 1.5 分類・回帰におけるデータと推薦システムにおけるデータ

明する．そこでは，最近傍モデルを基本としたユーザーベースとアイテム
ベースの協調フィルタリングの2つについて，それぞれのアルゴリズム
や長所・短所について述べる．

第4章では，モデルベースシステムについて説明する．モデルベース
システムでは，マトリクス分解法を主に説明する．この章は本書の中核に
位置するため，アルゴリズムの柔軟性への理解を深めるために，ここから
第8章に飛んでいってもかまわない．

第5章ではコンテンツベースと知識ベースについて述べる．

第6章ではさまざまな方法を組み合わせるハイブリッド法について概
説する．

第7章では，推薦システムへの攻撃，多腕バンディットアルゴリズム，
多基準システムなど，その他のトピックについて簡単に紹介する．

第8章では，推薦システムの中核的なアルゴリズムであるモデルベー
スシステムのマトリクス分解法の適用例として，推薦システム研究の牽引
力となった映画推薦システムである Netflix Prize コンテストへの適用に
ついて説明する．また，マトリクス分解法をその他の回帰や分類などデー
タサイエンス分野に適用した例についても紹介する．

本書では，これまで，数学に関わる機会が少なかった読者にも読み進め

られるよう，推薦システムに深く関係する数理の基礎的な側面（線形代数
の基礎，統計的な基礎，数値計算や最適化法に関わる基礎など，重要と思
われるところ）を付録 A で簡単に説明している．必要な部分を適宜選ん
で読んでいただけるとよい．特に，マトリクス分解と深く関わる特異値分
解については少し丁寧に説明している．また，第 2 章でマトリクス分解
法と項目反応理論との関係について触れているので，項目反応理論の概要
については付録 B で説明しておいた．

第 2 章

マトリクス分解法の多彩な機能

　第1章で，推薦システムとは何かということについて，推薦システムの取り扱う領域と，そこで使われているアルゴリズムの一端を簡単に説明した．本章では，推薦システムで取り扱われるさまざまな方法論を紹介する前に，第1章で説明したアルゴリズムのマトリクス分解法が，推薦システムに限らずいろいろな問題に柔軟に対応でき，多彩な機能を持つことを示していこう．マトリクス分解法をいとぐちとして，推薦システムアルゴリズムの魅力に触れ，興味を深めていきたい．

2.1　非線形回帰

　第1章では，マトリクスの穴埋め問題が線形回帰での予測につながることを例示した．そこでは，マトリクスの行が何を表すか，列が何を表すかについては特に述べなかったが，それらが与えられると理解が一層深まる．例えば，行には患者を，列には検査結果の数値そのものや診断結果の重症度のカテゴリーなどがあげられる．

　ここでは，数理モデルを仮定した非線形回帰問題を取り扱ってみよう．よく知られているように，非線形回帰問題は簡単な変換によって線形回帰問題に帰着できる．例えば，独立変数に非線形項 x^2 が入る非線形回帰モデル

$$y = \beta_0 + \beta_1 x_1 + \beta_2 x_1^2 \tag{2.1}$$

では，$z_1 = x_1$，$z_2 = x_1^2$ と変換すれば，

$$y = \beta_0 + \beta_1 z_1 + \beta_2 z_2 \tag{2.2}$$

のような線形回帰の式に変形できる．このような変換を行えば，自然界でよく見られる n 乗則 (power law) の関係式

$$y = ax^b \tag{2.3}$$

も，$w = \log y$，$\beta_0 = \log a$，$z = \log x$，$\beta_1 = b$ と変換すれば，線形回帰式

$$w = \beta_0 + \beta_1 z \tag{2.4}$$

のように線形回帰式で表すことができる．

二酸化炭素濃度の予測

　空気中で観測される二酸化炭素濃度は，場所，高度，気象条件などによって変わるが，ハワイは比較的安定した観測条件下にあると考えられ，地球環境の変化を測るときにハワイの観測結果がよく使われてきた．産業革命以降，人類は継続的に二酸化炭素を排出しており，植物や大洋などに二酸化炭素が吸収される量よりも排出される量の方が多いため，空気中の二酸化炭素濃度もそれにともなって年々増加している．しかし，単調に増加しているわけでなく，毎年増減をともないながら周期的に変化する要素が加わっている．これは，植物が光合成を盛んに行う時期とそうでない時期があり，北半球と南半球では光合成の時期が異なるためである．

　文献 [189] では，ハワイのマウナロア山頂で観測された二酸化炭素濃度 (ppm) の週ごとの変化を，上に述べたような変換式を用いて，非線形回帰を線形回帰に帰着させている．そこでは，式 (2.5) に示すように，数十年単位の大きなトレンドには一次関数を，年単位の変化にはサイン (sin) を用いて非線形回帰のモデル化を行っている．

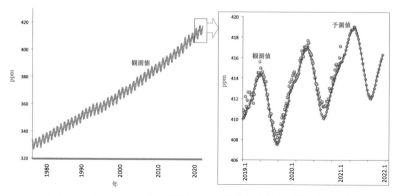

図 2.1　マウナロア山頂で観測された二酸化炭素濃度の週ごとの変化

$$y = \beta_0 + \beta_1 x + \beta_2 \sin(2\pi(x - 1974)) \tag{2.5}$$

ここで，$x_1 = x$, $x_2 = \sin(2\pi(x_1 - 1974))$ と変換すれば，非線形回帰問題
は

$$y = \beta_0 + \beta_1 x_1 + \beta_2 x_2 \tag{2.6}$$

のような線形回帰問題になる．求めるのは一次関数の切片 (β_0) と傾き
(β_1)，それにサインの振幅 (β_2) である．

　さて，図 2.1 の左に，文献 [189] をもとに新しいデータを追加した，
1975 年 1 月から 2021 年 1 月までの週平均の二酸化炭素濃度の観測結果[1]
を示している．観測結果をよく見ると，数十年単位の大きなトレンドは直
線的ではないし，年単位の周期的な変化もサインとは少し異なるように見
える．

　そこで，ここでは，二酸化炭素濃度の変化にパラメトリックな関数を仮
定しないマトリクス分解法を用いて，2021 年 2 月から 12 月までの予測を
行ってみる．そのため，まず，年を行に，1 年間の週を列にとって，時系
列データをマトリクスの形に変換した．図 2.2 に，マトリクスで表された
二酸化炭素濃度の週ごとの観測結果を示す．ところどころに観測結果の出

---

[1]https://gml.noaa.gov/ccgg/trends/ff.html

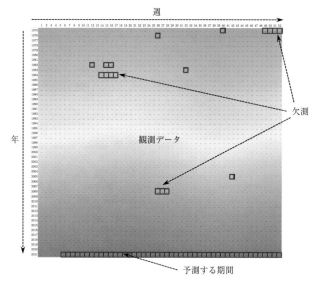

図 2.2 マトリクスで表された二酸化炭素濃度の週ごとの観測結果と予測結果

ていない欠測箇所がある．また，2021 年 2 月から 12 月までの予測区間も欠測扱いとしている．

　図 2.1 の右に，2019 年 1 月から 2021 年 1 月までの観測結果と，2021 年 2 月から 12 月までのマトリクス分解法による予測結果を併記する．また，図 2.2 の欠測箇所には（2021 年 1 月までの欠測箇所の）推定値と（2021 年 1 月以降の）予測値が補完されており，その図でも観測結果と推定結果および予測結果が併記されている．両図から，2019 年 1 月から 2021 年 1 月までの推定結果は観測結果とよく一致していることがわかり，2021 年 2 月から 12 月までの予測結果の精度の良さを示唆している．

　ここで，マトリクス分解の「深さ」について補足する．欠測を含む観測データのマトリクスを P とする．これが $P \approx UV^{\mathsf{T}}$ になるように近似できたとする．この U，V^{T} を，$U = (\boldsymbol{u}_1, \ldots, \boldsymbol{u}_k)$，$V^{\mathsf{T}} = (\boldsymbol{v}_1, \ldots, \boldsymbol{v}_k)^{\mathsf{T}}$ とベクトルで表す．k が大きくなればなるほどマトリクス分解の性能は良くなると考えられるが，あるところまで大きくなると，k をそれ以上大きくしても予測精度はあまり改善されなくなる．ここでの予測には，まず $\boldsymbol{u}_1$，$\boldsymbol{v}_1^{\mathsf{T}}$ だけを使ってマトリクス分解を行い，次に，もとのマトリクスと

$\boldsymbol{u}_1\boldsymbol{v}_1^{\mathsf{T}}$ から作られるマトリクスとの残差マトリクスを用いて，$\boldsymbol{u}_2$, $\boldsymbol{v}_2^{\mathsf{T}}$ だけを使ってマトリクス分解を行い，これを繰り返すという方法を採用してみた．$k = 3$ 程度ですぐに残差が 0 に近くなるので，ここでは $k = 3$ のときの結果を示している．この k のことをマトリクス分解の「深さ」という．

2.2　分類

　回帰と分類の違いは目的変数 y が連続であるか，カテゴリーに対応する離散値であるかの違いである．したがって，マトリクス分解で回帰ができれば分類もできるということになる．ここでは，分類問題として最も有名な「アヤメの分類」にマトリクス分解を適用してみよう．アヤメの (iris) データでは，どのような予測手法を使ってもかなり良い予測精度が得られるので，手法の優劣の判断には薦められないが，妥当な予測精度が得られれば予測手法として使用できることは確認できる．

アヤメの分類

　図2.3 は，3種類のアヤメの，がく片の長さと幅，花びらの長さと幅の値に従ってヒートマップを作成したものである．図の右下には観測値[2]の一部を抜きとった具体的な数値が示されている．観測値全体を見ると，がく片の幅，花びらの幅のどちらでも，アヤメの種類によって比較的明瞭に区別できることがわかる．

　この観測値の表をそのままマトリクスとみなし，マトリクス分解によって分類してみよう．150 個の観測データを 15 個ずつに分け，最初の 15 個を除いた 135 個をトレーニングデータとして予測モデルを構築し，最初の 15 個をテストデータとして分類結果を判断する．さらに，テストデータを次の 15 個，残りをトレーニングデータとして使うというように，順にテストデータを入れ替え，分類予測を 10 回繰り返す．これをクロス・

---

[2]https://archive.ics.uci.edu/ml/datasets/iris

バリデーション法という[3]．

図 2.4 に，その分類結果を示す．観測値の横には予測値のヒートマップを置いている．図の右下には，毎回 15 個のテストデータを使ったときの誤分類の数と，分類の正確度 (accuracy) を，k をパラメータとして示している．ここで，マトリクス分解によって予測されたアヤメの品種の数値（Setosa（セトサ）のとき 1，Versicolor（バージカラー）のとき 2，Virginica（バージニカ）のとき 3）が正解に近かった場合に正しく分類されたと判断し，それ以外を誤分類と判断した．正確度は，全体に対して正しく分類された割合である．

図 2.4 を見ると，k の値が増加するにつれて正確度は大きくなっていくが，$k = 4$ のときに一番良い予測精度（テストデータを使ったときの正確度）を示していることがわかる．この問題には，最適な k の値は 4 であることが示されている．付録 A.1.4 で説明するが，k は $1 \leq k \leq 5$ の範囲で調べれば十分である．

これで，マトリクス分解法は分類にも適用可能な場合があることが示された．回帰，分類と，統計的なデータ解析やデータサイエンス分野への適用の可能性は示唆されたが，果たして予測精度はどの程度なのだろうか．次に，マトリクス分解法による予測精度は最高の精度が得られるまでに迫っていることを，試験の成績データを用いて示そう．そこでは，項目反応理論[4](item response theory, IRT) と特異値分解を援用する．

2.3 項目反応理論

試験問題への解答が正解／不正解の 2 値で評価されるような試験の結果を分析するとき，項目反応理論がよく用いられる．IRT では，事前に問題への困難度を想定した配点を決めずに，試験の結果から自動的に，受験者の能力値と問題の困難度（および識別力）を推定している．IRT は，公平性や公正性に優れており，コンピュータとも親和性が高いため，

---

[3]詳細は付録 A.4.1 を参照されたい．
[4]項目反応理論の説明については付録 B を参照されたい．

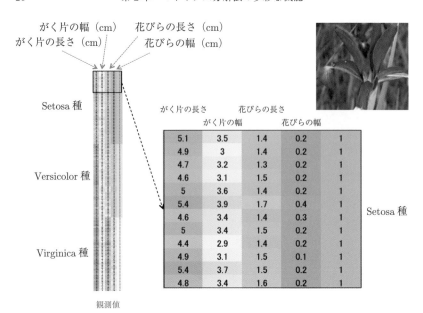

図2.3　アヤメの，がく片の長さと幅，花びらの長さと幅の観測値のヒートマップ

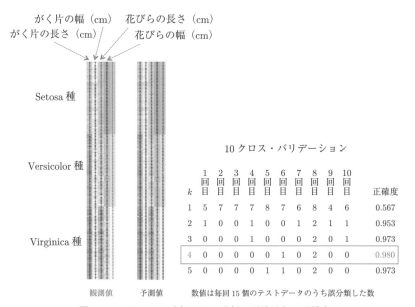

図2.4　マトリクス分解による分類予測結果と予測精度

CBT (computer based testing) で用いられることも多い．さらに，受験者の能力値に合った問題をコンピュータが自動的に選んで出題するアダプティブテストでは，少ない問題数でも推定精度が良く，効率性にも優れている．そのため，これまで英語力測定試験 (TOEFL) や医療従事者へのプレテストなどにも用いられてきており，精度の高い成績評価法として実績がある．また，最近では，大学入学共通テストへの適用の可能性なども検討されてきている．

　したがって，IRT は，線形代数や解析学などの基礎的な部分を取り扱う大学の数学の低学年での試験でも十分取り入れることが可能であり，またそのような試みがなされるようにもなってきた．ここでは，大学1年生の解析学の定期試験の結果を IRT を用いて評価した結果と，マトリクス分解法を用いたときのそれとを比較してみたい．もともと，IRT は，受験生と試験問題の対応からの2値応答（問題に正答すれば1，そうでなければ0）のマトリクスを素データとして分析する方法であるため，マトリクス分解法によって成績評価ができる可能性はあると考えられる．

IRT のパラメータ

　IRT の内容については，付録 B で概説しているので，ここでは，IRTのパラメータがどのようにマトリクス分解法のパラメータと対応しているか，特にパラメータ数について述べる．

　IRT では，各問題 j に対して受験者 i がその問題に正答できる確率 P_j $(\theta_i; a_j, b_j, c_j)$ を，ロジスティック分布関数

$$P_j(\theta_i; a_j, b_j, c_j) = c_j + \frac{1 - c_j}{1 + \exp\{-1.7a_j(\theta_i - b_j)\}} \tag{2.7}$$

に従っていると仮定する．ここで，a_j, b_j, c_j は，それぞれ問題 j の識別力（簡単にいうと，問題の切れ味），困難度（文字どおり，問題の難易度），当て推量（偶然に正答する確率），θ_i は受験者 i の能力値や学習習熟度 (ability) を表している．ここでは，問題の選択肢が十分多く偶然に正答できる確率は小さいとして $c_j = 0$ と仮定する．このとき，受験者数が n で，問題数が m のとき，推定する未知パラメータの数は $n + 2m$ となる．

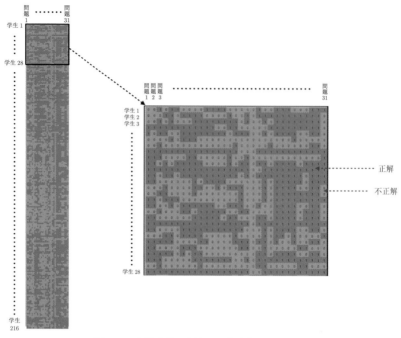

図 2.5　定期試験の結果の 2 値応答マトリクス

データ

　観測結果のデータは，解析学の定期試験を 3 クラス合同（受験者数は 216 人）で行ったときの結果である．問題は，全部で 31 問あり，問題を解けたか解けなかったかで 2 値 (1/0) の応答が応答マトリクス[5]の要素に入る．問題への回答は，スクロール式の解答欄から正解を選択する多肢選択式である．

　図 2.5 に，観測された応答マトリクスを示す．図の左側はすべてのデータを示しており，右側にその一部（学生数を 28 人に絞ったもの）を拡大したものを示している．

---

[5]IRT での観測結果データを表すマトリクスのことを応答マトリクスと呼ぶ．

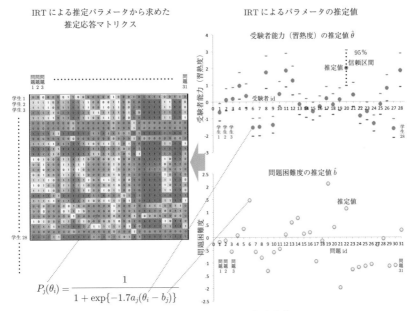

図 2.6　推定された IRT パラメータと推定応答マトリクス

IRT によるパラメータ推定と推定応答マトリクス

　図 2.6 の右に，最尤推定法を用いて推定されたパラメータ $\hat{\theta}_i$（右上）の一部と，パラメータ $\hat{b}_j$（右下）の一部を示す．$\hat{\theta}_i$ には 95% 信頼区間の上限と下限も併記した．

　未知パラメータが推定されると，今度は，この推定されたパラメータを使って，学生 i が問題 j を正答できる確率 $P_j(\theta_i)$ を求めることができる．この $P_j(\theta_i)$ をすべての i, j について計算して作られる応答マトリクスを推定応答マトリクスと呼ぶ．計算した推定応答マトリクスを図 2.6 の左に示す．

マトリクス分解法による推定応答マトリクス

　次に，図 2.5 のデータにマトリクス分解法を適用して応答マトリクスを推定した結果を図 2.7 の右に示す．ここで，図 2.7 の左に，IRT を使って求めた推定応答マトリクスの結果を配置し，両者を対比させている．ま

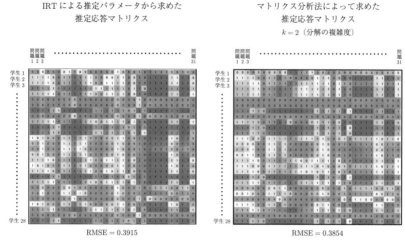

図 2.7 マトリクス分解法と IRT による推定応答マトリクス

た，図の下に RMSE[6]（平均 2 乗誤差の平方根）の値を示した．

　IRT の推定応答マトリクスとマトリクス分解法によるそれとはよく似ており，また，IRT の RMSE とマトリクス分解での RMSE は似たような値をとっていることから，マトリクス分解法が IRT と同程度に機能していることがわかる．マトリクス分解での RMSE は IRT の RMSE よりもわずかに小さいようである．ここでのマトリクス分解の深さは $k = 2$ としている．

2 値推定応答マトリクス

　$P_j(\theta_i) \geq 0.5$ ならば問題に正答でき，$P_j(\theta_i) < 0.5$ ならば問題に正答できていないと解釈できる．そこで，推定応答マトリクスの要素の値が 0.5 以上のときはその要素に 1 を，そうでなければ 0 を代入してマトリクスを再構成したものが図 2.8 である．これを，ここでは 2 値推定応答マトリクスと呼ぶ．

　両者を見ると，ほぼ変わらないモザイク模様が見えるので，ここでもマ

---

[6]付録 B の式 (B.3) を参照されたい．

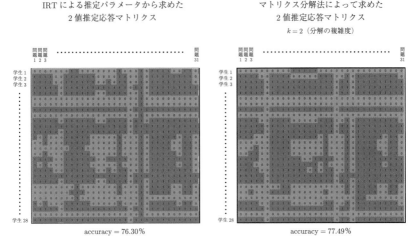

IRTによる推定パラメータから求めた
2値推定応答マトリクス

マトリクス分解法によって求めた
2値推定応答マトリクス
$k = 2$（分解の複雑度）

accuracy = 76.30%   accuracy = 77.49%

図 2.8 マトリクス分解法と IRT による 2 値推定応答マトリクス

トリクス分解法が IRT と同程度に機能していることがわかる．全体の要素数に対して，観測値が 1 のとき予測値が 1 となり，観測値が 0 のとき予測値が 0 となる要素数の比は，予測の正確度 (accuracy) になる．図の下側に，IRT とマトリクス分解法によって得られた正確度の値を示した．マトリクス分解法による予測の方が IRT による予測よりもわずかに正確度が高いようである．

マトリクス分解 $R = UV^{\mathsf{T}}$

ここで，実際に図 2.5 のデータにマトリクス分解法を適用した結果を見てみよう．深さを $k = 2$ としているので，マトリクス U と V の列数は 2 である．図 2.9 に，$UV^{\mathsf{T}} = R$ の具体的な形を示した．

推定応答マトリクスの行方向と列方向を見ると，もとの観測データ（図2.5）の 2 値のバラツキに比べて同程度の大きさの数値が直線的に入っていることがわかる．この傾向は，特に，u_1 と v_1^{T} の要素の大きさに対応しているようである．そこで，これら，u_1 と v_1^{T} はいったい何を表しているのかということを考えてみる．例えば，u_1 のある行の値が大きいとき，マトリクス R の行の数値も大きい傾向になると考えられないだろう

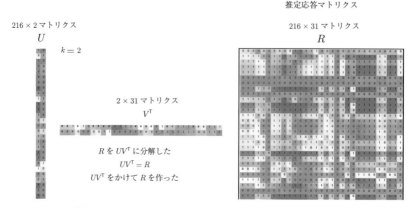

図 2.9　マトリクス分解法による 2 値推定応答マトリクス

か．これは，もとの観測値のマトリクスでも同様な傾向になっていると考えられる．観測値のある行の数値が大きい傾向を示すことは，対応する受験生が多くの問題に正答していることを表し，したがって，成績が良いことを示している．これは，IRT のパラメータ θ が大きいことを意味する．

　そこで，IRT の受験者能力の推定値と $\boldsymbol{u}_1$ を比較してみた（図 2.10）．IRT の受験者能力の推定値と $\boldsymbol{u}_1$ はかなり強い相関を見せている．

　同様な考え方をマトリクスの列にも適用することができる．マトリクスの列の数値が小さい傾向にあれば，その問題は解きにくかったことを表し，IRT では問題の困難度 b の値が大きいことに対応する．そこで，IRT の問題の困難度の推定値 b と $\boldsymbol{v}_1^{\mathsf{T}}$ を比較したものを図 2.10 の右側に示してみた．やはり両者の相関は強い．

　この傾向は $k = 1$ のとき，さらに明確に表れていると思われる（図 2.11）．予想どおり，IRT のパラメータ推定値と $\boldsymbol{u}_1$，$\boldsymbol{v}_1^{\mathsf{T}}$ の間の相関はより強くなっている．

　このことから，マトリクス分解法では，観測値からもとのマトリクスを復元しているというだけでなく，分解されたマトリクスのベクトルそのものも意味を持っていることが示唆される．このことは，さらに受験

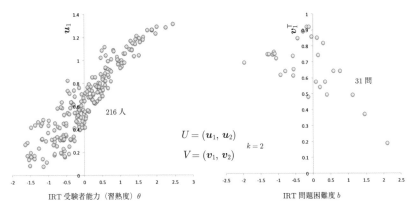

図 2.10 IRT パラメータと分解されたマトリクスの関係 $(k = 2)$

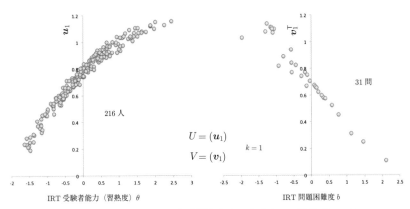

図 2.11 IRT パラメータと分解されたマトリクスの関係 $(k = 1)$

者正答率[7]（ユーザー正答率，CAR$_{user}$, user correct answer rate）と u_1 の関係，問題正答率[8]（アイテム正答率，CAR$_{item}$, item correct answer rate）と v_1^T の関係を調べることによって一層明瞭になってくる．図 2.12 に，ユーザー正答率と u_1 の関係，アイテム正答率と v_1^T の関係を示した．どちらの関係も，ほぼ直線的な傾向（相関係数はほぼ 1）を見せている．

第 1 章のマトリクスの穴埋め問題の例で，U と V を作るとき，行の平

---

[7]ここでは，ある受験者が正答した問題数／その受験者が受験した問題数と定義する．

[8]ここでは，ある問題に正答した受験者数／その問題を受験した受験者数と定義する．

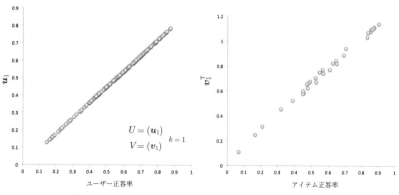

図 2.12　正答率と分解されたマトリクスの関係 ($k = 1$)

均と列の平均を使って $\boldsymbol{u}_1$ と $\boldsymbol{v}_1^{\mathsf{T}}$ を作ったことの意味はここにあったのである.

特異値分解

　上で取り扱った試験データは完全マトリクスであった. したがって, IRT とマトリクス分解の結果が同程度であれば, 完全マトリクスにわざわざマトリクス分解を使う必要性は薄い. もともと, マトリクス分解が本領を発揮するのは不完全マトリクスだったからである.

　ところで, IRT にしろ, マトリクス分解にしろ, 予測された推定応答マトリクスの予測精度はどのようなものであろうか. $k = 2$ のとき, 成績データにおける正確度は 76% 程度であった. これを上回る予測精度が得られる良い方法はあるのだろうか. 完全マトリクスの場合にはそのことを調べることが可能である. ここでは, そのために特異値分解[9](singular value decomposition, SVD) による結果を述べ, マトリクス分解で得られた結果と比較して, マトリクス分解が持つ予測精度を調べていきたい.

　図 2.13 に, 特異値分解とマトリクス分解による推定応答マトリクスの比較を示す. 両者はよく似ていることがわかる. RMSE も近い値を示しているが, 正確度も近い値である. また, どちらもわずかに特異値分解の

---

[9]特異値分解の説明については付録 A.1.4 を参照されたい.

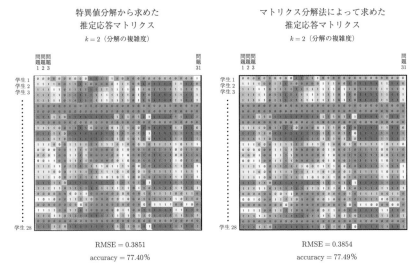

特異値分解から求めた
推定応答マトリクス
$k = 2$（分解の複雑度）

マトリクス分解法によって求めた
推定応答マトリクス
$k = 2$（分解の複雑度）

RMSE = 0.3851
accuracy = 77.40%

RMSE = 0.3854
accuracy = 77.49%

図 2.13 特異値分解とマトリクス分解による推定応答マトリクス

方が高い予測精度を示している.

さて，特異値分解の予測精度はどのような意味を持つのか，ここで考えてみたい．付録 A.1.4 に示した，Eckart-Young の定理（定理 A.4）[47] は，マトリクス A を，$A = U\Sigma V^\mathsf{T}$ と特異値分解したとき，マトリクス $U = (\boldsymbol{u}_1, \boldsymbol{u}_2, \ldots, \boldsymbol{u}_m)$，およびマトリクス $V^\mathsf{T} = (\boldsymbol{v}_1, \boldsymbol{v}_2, \ldots, \boldsymbol{v}_n)^\mathsf{T}$ を構成するベクトルの一部を使って作られたマトリクス $U_k = (\boldsymbol{u}_1, \boldsymbol{u}_2, \ldots, \boldsymbol{u}_k)$ およびマトリクス $V_k^\mathsf{T} = (\boldsymbol{v}_1, \boldsymbol{v}_2, \ldots, \boldsymbol{v}_k)^\mathsf{T}$ に加え，Σ の上から k 番目までの大きさの特異値から作られるマトリクス Σ_k を用いて $A_k = U_k \Sigma_k V_k^\mathsf{T}$ としたとき，

$$||A - A_k|| = \min_{B, \mathrm{rank}(B) \leq k} ||A - B|| = \sigma_{k+1}$$

あるいは

$$||A - A_k||_F^2 = \min_{B, \mathrm{rank}(B) \leq k} ||A - B||_F^2 = \sum_{l=k+1}^{n} \sigma_l^2$$

とできることを示している．ここで，$||\cdot||$ はスペクトラムノルム，$||\cdot||_F$

はフローベニウスノルム[10]を表す．また，マトリクス B は，rank$(B) \leq k$ であるような $m \times n$ マトリクスである．つまり，A を特異値分解したとき，Σ の上から k 番目までの大きさの特異値から構成されるマトリクス A_k と，もとのマトリクス A とのノルム誤差は最良近似になっていることを意味している．

　したがって，特異値分解によって得られたランクが k のマトリクスのRMSE や正確度は最高度の推定精度になっていて，それ以上のものは得られないことを示している．そこで，観測データ（図 2.5）に対して，深さ k を変えたときの特異値分解での推定精度を見てみよう．

　表 2.1 に，試験結果の応答マトリクスについて，深さ k を変えた場合の，特異値分解，マトリクス分解，さらに加えて IRT での RMSE と正確度を示す．IRT では，ユーザーのパラメータは θ の 1 つ，問題のパラメータは b と a の 2 つであるため，対応する k の欄は $k = 1$ と $k = 2$ の間に記した．表から，$k = 1, 2, 3, 10, 31$ のすべての場合について，RMSE，正確度のどちらにも，マトリクス分解の推定精度は，特異値分解とほぼ一致し，したがって高い精度であることが示されている．

　興味深いことであるが，IRT はパラメータ数からしても $k = 1$ と $k = 2$ の間に位置するように，RMSE，正確度のどちらも，特異値分解，あるいはマトリクス分解の $k = 1$ と $k = 2$ の間の値であることがわかる．IRT は，数理モデルにロジスティック分布を用いており，その制約の中で高い推定精度を出しているものと考えられているが，推定されたパラメータから逆算して作られた推定応答マトリクスでの推定精度を考えると[11]，それほど高い精度で推定してはいないことがわかる．ただし，ここでの精度はすべての観測データをトレーニングデータとしたときのものであり，トレーニングデータとテストデータを分けて予測精度を調べることが必要になる．

表 **2.1** 試験結果の応答マトリクスでの RMSE と正確度 (accuracy)

	k	特異値分解	マトリクス分解	IRT
RMSE	1	0.4066	0.4067	0.3915
	2	0.3851	0.3854	
	3	0.3652	0.3656	
	10	0.2563	0.2583	
	31	0	0.05570	

	k	特異値分解	マトリクス分解	IRT
accuracy (%)	1	75.14	75.27	76.30
	2	77.40	77.49	
	3	79.41	79.41	
	10	91.98	92.11	
	31	100.00	100.00	

予測精度

そこで，観測データをトレーニングデータとテストデータに分けて予測精度を調べてみる．図 2.14 に，空欄をテストデータ，残りをトレーニングデータとしたときの一例を示す．テストデータは，マトリクスの要素数が $216 \times 31 = 6696$ なので，その 10% の 670 個をランダムに選んでいる．

表 2.2 に，図 2.14 のような空欄の配置を 10 ケース作成してマトリクス分解と IRT を使ったときのトレーニングデータによる RMSE とテストデータによる RMSE の値を示す．表の下部には 10 ケースでの平均を示している．トレーニングデータを使ったときの RMSE はマトリクス分解の方がわずかに小さく，テストデータを使ったときの RMSE は IRT の方がわずかに小さい．ほぼ同程度の予測精度とみてよいだろう．つまり，マトリクス分解法は，単に欠測部分を補完しているだけでなく，IRT の持つ機能も併せ持っていることを示している．なお，通常，IRT ではすべてのデータが埋まっている完全データを取り扱うが，ここでは，欠測値があっても推定を可能にするアルゴリズム [192] を用いている．

本章で示したように，マトリクス分解法は，単に推薦システムに適用可能な方法というだけでなく，回帰，分類，項目反応理論などへの分野にも適用可能であり，その応用への多彩さを見せている．また，回帰，分類，

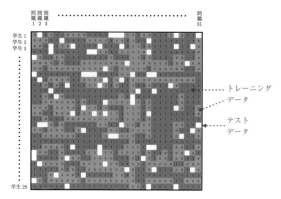

図 2.14　トレーニングデータとテストデータ

表 2.2　トレーニングデータとテストデータを分けたときの RMSE[76]

trial	マトリクス分解		IRT	
	トレーニング	テスト	トレーニング	テスト
1	0.3844	0.4137	0.3909	0.4094
2	0.3842	0.4106	0.3905	0.4097
3	0.3848	0.4158	0.3907	0.4120
4	0.3843	0.4136	0.3898	0.4174
5	0.3849	0.4162	0.3906	0.4059
6	0.3849	0.4057	0.3912	0.4046
7	0.3848	0.4088	0.3915	0.4044
8	0.3848	0.4076	0.3909	0.4048
9	0.3865	0.3918	0.3922	0.3923
10	0.3845	0.4085	0.3909	0.4080
平均	0.3848	0.4092	0.3909	0.4068

　項目反応理論による分析結果を，マトリクス分解を用いた分析結果と比較することによって，マトリクス分解法そのものの機能を知るというだけでなく，回帰，分類，項目反応理論の性能を評価するツールにもなりうることが示されている．

　次章からは，推薦システムに用いられるアルゴリズムについて，古典的な方法から新しい方法までを紹介していきたい．

第 3 章

最近傍ベース協調フィルタリング

　第1章，第2章で説明したように，推薦システムは，ユーザーとアイテムからなる評価値の入ったマトリクスの要素から，まだ評価を受けていない空欄の値を推定するというアルゴリズムを探していることになる．この問題は，条件を狭めると，回帰問題にもなり，分類問題にもなっているとみなすことができた．したがって，分類や回帰での問題解決法が推薦システムでの問題解決法にも応用できると考えられる．また，逆に，推薦システムでの良い問解決法が見つかっていれば，それを分類や回帰での問題解決法に適用することも可能なはずである．

　本章で取り扱う，最近傍ベース協調フィルタリングというのは，マトリクス全体から空欄を補うというよりも，マトリクスの一部を抽出した後，比較的単純な方法によって空欄を補うという方法である．したがって，ここでも推薦システムアルゴリズムと分類や回帰のアルゴリズムには共通点がある．つまり，最近傍ベースの協調フィルタリングの方法は，最近傍を使った分類と回帰からのインスピレーションを得ている．このとき，マトリクスの一部分を抽出する方法として類似度が用いられる．ここでは，あるユーザーと別のユーザーが，あるいはあるアイテムと別のアイテムが似ているということから，相手側の情報を利用する方法について述べよう．これが最近傍ベース協調フィルタリングと呼ばれるものである．

　最近傍ベース協調フィルタリング (nearest neighbor based collaborative filtering) のアルゴリズムは，似たものの意見を参考にする，つまり，

似たもの以外をフィルターにかけて除外する，というような単純な発想によって作られている．これはメモリーベースモデル (memory based model) とも呼ばれる．このアルゴリズムのアイデアは，最初，単純な好みの傾向が最も近いと思われる1人のユーザーが評価したアイテムの評価値をそのまま利用することであった．しかし，この場合，1人のユーザーを参考にするだけでは，特定のアイテムについて的外れになってしまう危険性も出てくる．そこで，最もよく似ているユーザー1人の意見を参考にするより，ターゲットとなるユーザーに最も近い上位グループの意見を総合的に参考にするというのが，安全であり予測値も安定していると考えられるため，今日ではその方法がよく用いられる．最近傍ベースというのは，ターゲットに最も近い何個かの近傍の情報を利用するというところに由来している．

　さて，「似たもの」というのは，どの程度似ているかについて数値で評価される必要がある．よく使われるのは，いくつかの評価結果から作られるベクトル間の相関係数である．ベクトルが同じような方向を向いているとき，相関係数は1に近くなることを利用する．あるいは，ベクトル間の従属性を見るためのコサイン（$\cos(\boldsymbol{u}, \boldsymbol{v})$，ベクトル $\boldsymbol{u}, \boldsymbol{v}$ の内積をそれぞれのベクトルのノルムで除して規格化したもの）も用いられる．こちらも，同じ方向を向いているベクトルではコサインの値は1に近くなる．次節では，似ている度合いを表す類似度関数 (similarity function) を示す．

　ここで注意しなければならないのは，相関係数が近い，あるいはベクトルが同じ方向を向いていることと，評価値が同じ傾向であることは異なるということである．例えば，4つのアイテムに対して，2人のユーザーからの評価ベクトル $\boldsymbol{u} = (1, 2, 3, 4)^{\mathsf{T}}$ と $\boldsymbol{v} = (2, 3, 4, 5)^{\mathsf{T}}$ の相関係数は1であるが，両者の評価傾向は全く異なる．評価者のバイアスが入っているからである．ターゲットユーザー以外の評価値を参考にする場合，このバイアスに配慮する必要がある．

　あるユーザーがあるアイテムを評価するとき，ユーザーとアイテムと評価値からなるマトリクスが形成される．通常，ユーザーはマトリクスの

行に，アイテムは列に，評価値は要素にあてられる．詳細には，m ユーザー，n アイテムから構成される $m \times n$ マトリクス R の各要素には，ユーザー i がアイテム j を評価した評価値 r_{ij} が格納されているものとする．アイテムは必ずしも評価値を持たない場合もあるため，マトリクスは不完全 (incomplete matrix) となる．

評価マトリクス R の要素の値は，大きく分けて，離散値と連続値の 2 種類がある．離散値は，最も標準的なものは 5 段階評価値（スター印で表されることも多い）で，最も低い評価値は 1，高い評価値は 5 である．-2 を最も嫌い，0 をどちらでもなく中立，2 を最も好きというように，符号を付けることもあるが，本質的には 5 段階評価である．これをもう少し詳細にすると，1 から 9 までの 9 段階の評価値となる．中立項を除去して 4 段階評価や 8 段階評価にし，好きか嫌いかのどちらかのグループに強制的に入れることも行われている．さらに単純な評価は 2 値であり，これには 0 と 1 がよく用いられる．どちらがポジティブかネガティブかは定義する人によるが，数値として取り扱うには演算しやすくするために，ポジティブを 1 とした方が好ましい．カテゴリーでも，「まったくそう思わない」，「そう思わない」，「どちらともいえない」，「そう思う」，「非常にそう思う」のように順序付けられている場合には，上述の 5 段階の離散値評価としても同等になる．

上記のいずれとも少し異なる評価形態に，ユーザーがアイテムの肯定的な好みを指定できても，否定的な好みを指定するメカニズムがない単項評価がある．例えば，ユーザーがアイテムを購入するボタンをクリックするのはアイテムを支持しているとみなされる．クリックしないのは，否定的であるというより無関心なためであり，単項評価というのは特別な場合になる．

最近傍ベース協調フィルタリングには，似たユーザー同士間，あるいは似たアイテム同士間で協調フィルタリングを行うという 2 つの方法がある．類似度関数の説明の後に，これら 2 つの協調フィルタリングの予測アルゴリズムについて述べていこう．

3.1　類似度関数

あるベクトル u が別のベクトル v にどの程度似ているか，その度合い
を表す関数を考える．例えば，よく用いられる関数には相関係数がある．
これは，評価の入ったマトリクス R の，どの 2 つの行ベクトルでも，ど
の 2 つの列ベクトルでも定義することができる．ただし，R は不完全マ
トリクスであるため，2 つのベクトルで対応する要素の少なくとも 1 つの
評価値が欠落している場合には，当該の 2 つのデータを排除して使うこ
とになる．したがって，類似度を比較する場合には，ユーザーの組ごとに
異なるアイテムを指定していることになる．ここで，ユーザー i で利用で
きるアイテムをインデックス関数 I を用いて，I_i と表す．アイテム j が
ユーザー i に利用できる場合，$j \in I_i$ と表すことができる．ユーザー a と
ユーザー b の間の類似度を計算する場合，両者に共通するアイテムを用い
る必要がある．このとき，共通のアイテム e は $e \in I_a \cap I_b$ となる．また，
この議論はアイテムごとの類似度を求めるときにもまったく同様に行われ
ることになる．

ピアソンの相関係数

ユーザー a とユーザー b の間の典型的な類似度関数 $\mathrm{sim}_{\mathrm{user}}(a, b)$ とし
て，次のピアソンの相関係数がある．

$$\mathrm{correl}_{\mathrm{user}}(a, b) = \frac{\sum_{e \in I_a \cap I_b}(r_{ae} - \mu_a)(r_{be} - \mu_b)}{\sqrt{\sum_{e \in I_a \cap I_b}(r_{ae} - \mu_a)^2}\sqrt{\sum_{e \in I_a \cap I_b}(r_{be} - \mu_b)^2}} \quad (3.1)$$

ここに，r_{ae}（あるいは r_{be}）はユーザー a（あるいは b）がアイテム e を
評価した値，μ_a（あるいは μ_b）はユーザー a（あるいは b）が I_a（ある
いは I_b）で評価した値の平均である．

ピアソンの相関係数は，アイテム e とアイテム f の間の類似度関数
$\mathrm{sim}_{\mathrm{item}}(e, f)$ にも定義でき，

$$\text{correl}_{\text{item}}(e, f) = \frac{\sum_{a \in I_e \cap I_f}(r_{ae} - \mu_e)(r_{af} - \mu_f)}{\sqrt{\sum_{a \in I_e \cap I_f}(r_{ae} - \mu_e)^2}\sqrt{\sum_{a \in I_e \cap I_f}(r_{af} - \mu_f)^2}} \tag{3.2}$$

となる．ここに，r_{ae}（あるいは r_{af}）はユーザー a がアイテム e（あるいは f）を評価した値，μ_e（あるいは μ_f）はアイテム e（あるいは f）の I_e（あるいは I_f）での評価値の平均である．

このピアソンの相関係数を基本にした拡張系も作ることができる．

加速相関係数

ピアソンの相関係数が 1 に近いところでは似通ったベクトルの識別がしにくい．その場合，ピアソンの相関係数を α 乗することで識別力を高めることができる．

$$\text{acorrel}_{\text{user}}(a, b) = \text{correl}_{\text{user}}(a, b)^{\alpha} \tag{3.3}$$

$$\text{acorrel}_{\text{item}}(a, b) = \text{correl}_{\text{item}}(a, b)^{\alpha} \tag{3.4}$$

通常，識別力を高めるため，$\alpha > 1$ とする．

裾側重点ピアソン相関係数

ユーザーから評価を受けたアイテムには，多くのユーザーから評価されるアイテムと，少ないユーザーから評価されるアイテムがある．その分布は，裾の長い分布として知られている．少ないユーザーから評価されるアイテムは推薦するのにはふさわしくないということではなく，そこにおもしろいアイテムが潜んでいることも多いので，その部分が単純な相関係数で捨てられてしまうのは惜しい．そこで，裾の部分に重みをつけた相関係数を考えることができる．

あるアイテム e を参照したユーザー数を m_e とする．すべてのユーザー数は m なので，ユーザー数への重み w_e

$$w_e = \log\left(\frac{m}{m_e}\right) \tag{3.5}$$

をつけて，重みつきピアソンの相関係数を考えることができる．

$$\mathrm{wcorrel}_{\mathrm{user}}(a, b) =$$

$$\frac{\sum_{e \in I_a \cap I_b} w_e(r_{ae} - \mu_a)(r_{be} - \mu_b)}{\sqrt{\sum_{e \in I_a \cap I_b}(w_e \cdot r_{ae} - \mu_a)^2}\sqrt{\sum_{e \in I_a \cap I_b}(w_e \cdot r_{be} - \mu_b)^2}} \tag{3.6}$$

アイテムに関しても同様に，あるユーザー a が参照したアイテム数を n_a，すべてのアイテム数を n とし，アイテム数への重み w_a

$$w_a = \log\left(\frac{n}{n_a}\right) \tag{3.7}$$

をつけて，重みつきピアソンの相関係数を考えることができる．

$$\mathrm{wcorrel}_{\mathrm{item}}(e, f) =$$

$$\frac{\sum_{a \in I_e \cap I_f} w_a(r_{ae} - \mu_e)(r_{af} - \mu_f)}{\sqrt{\sum_{a \in I_e \cap I_f}(w_a \cdot r_{ae} - \mu_e)^2}\sqrt{\sum_{a \in I_e \cap I_f}(w_a \cdot r_{af} - \mu_f)^2}} \tag{3.8}$$

コサイン

2 つのベクトルが同じような方向を向いていることを表現できる関数として次のコサイン (cos) が使われることがある．

ユーザーに対しては，

$$\cos_{\mathrm{user}}(a, b) = \frac{\sum_{e \in I_a \cap I_b} r_{ae} r_{be}}{\sqrt{\sum_{e \in I_a \cap I_b} r_{ae}^2}\sqrt{\sum_{e \in I_a \cap I_b} r_{be}^2}} \tag{3.9}$$

アイテムに対しては，

$$\cos_{\mathrm{item}}(e, f) = \frac{\sum_{a \in I_e \cap I_f} r_{ae} r_{af}}{\sqrt{\sum_{a \in I_e \cap I_f} r_{ae}^2}\sqrt{\sum_{a \in I_e \cap I_f} r_{af}^2}} \tag{3.10}$$

が定義できる．

シフトコサイン

ユーザー間のバイアスは，ユーザー間のコサインを求める場合には問題にならないが，アイテム間のコサインを求める場合には問題になる．そ

こで，アイテム間のコサインを求める際には，次の形を考えることができる．

ユーザー間のバイアスを除去するために，コサイン関数で，r_{ae}（あるいは r_{af}）の代わりに，これをユーザー平均 μ_a だけ移動させた，$r_{ae} - \mu_a$（あるいは $r_{af} - \mu_a$）の形を用いる．本書では，これをシフトコサイン（shifted cosine）と呼ぶことにする．

ユーザーのシフトコサイン（これを iucos と書く）に対しては，ユーザー平均 μ_a だけ移動させた場合，

$$\text{iucos}_{\text{item}}(e, f) = \frac{\sum_{a \in I_e \cap I_f}(r_{ae} - \mu_a)(r_{af} - \mu_a)}{\sqrt{\sum_{a \in I_e \cap I_f}(r_{ae} - \mu_a)^2}\sqrt{\sum_{a \in I_e \cap I_f}(r_{af} - \mu_a)^2}} \quad (3.11)$$

と定義できる．

アイテムのシフトコサイン（これを uicos と書く）も同様に，アイテム平均 μ_e だけ移動させて

$$\text{uicos}_{\text{user}}(a, b) = \frac{\sum_{e \in I_a \cap I_b}(r_{ae} - \mu_e)(r_{be} - \mu_e)}{\sqrt{\sum_{e \in I_a \cap I_b}(r_{ae} - \mu_e)^2}\sqrt{\sum_{e \in I_a \cap I_b}(r_{be} - \mu_e)^2}} \quad (3.12)$$

を定義できる．これら2つは，相関係数と似ているが，平均のシフトの内容がユーザーとアイテムで入れ替わっているところが異なる．uucos や iicos も同様に定義できるが，これらは相関係数と同じ式になるのでここでは特に定義しない．

アイテム e とアイテム f の間の類似度関数 $\text{sim}_{\text{item}}(e, f)$ についても，ユーザー間の類似度関数 $\text{sim}_{\text{user}}(a, b)$ と同様に定義できる．

3.2 2つの協調フィルタリング

メモリーベースとも呼ばれる最近傍ベースの協調フィルタリングでは，似たようなユーザー同士はアイテムに対して同じような評価を行い，また似たようなアイテムには似たようなユーザーから同じような評価がつくだろう，という仮定をもとに予測アルゴリズムが作られている．つまり，2

つのタイプが考えられる．1つはユーザーベースの協調フィルタリング，もう1つはアイテムベースの協調フィルタリングと呼ばれている．

ユーザーベースの協調フィルタリングでは，あるユーザーに似ているユーザー（の組）からの評価値が利用され，アイテムベースの協調フィルタリングでは，あるアイテムに似ているアイテム（の組）への評価値が利用される．

ユーザーベースの協調フィルタリングの場合，ターゲットユーザー i と他のユーザー a が何らかの類似性 (similarity) を持つと仮定する．このとき，評価マトリクス R の i 行と他の（計算結果が得られるような）すべての a 行の間の類似性を計算し，類似性が上位に入る行のグループの情報を参考にして，ターゲットユーザー i がまだ評価していないアイテム j の評価を予測する．

アイテムベースの協調フィルタリングの場合，ターゲットアイテム j と他のアイテム e が上述と同様に何らかの類似性を持つと仮定する．このとき，R の j 列と他の（計算結果が得られるような）すべての e 列の間の類似性を計算し，類似性が上位に入る列のグループの情報を参考にして，ターゲットユーザー i がまだ評価していないアイテム j の評価を予測する．

この2つの操作は，行と列の操作が入れ替わって解釈されるだけでまったく同じような操作に見える．しかし，実際には大きく異なっている．ユーザーベースで利用するターゲットアイテムの情報は他のユーザーの評価情報であるのに対して，アイテムベースで利用するターゲットアイテムの情報はターゲットユーザー自身の評価情報だからである．この違いはわかりにくいかもしれないので例を挙げよう．

ユーザーベースの場合，ターゲットユーザーの評価値が $(1,1,1,1,1,*)$ で，参照ユーザーの評価値が $(5,5,5,5,5,5)$ と仮定する．この2つでは評価値が入っている部分の相関係数は1であるからといって，ターゲットユーザーの未評価の $*$ に参照ユーザーの5を参考にしてそのまま5を採用するのはおかしいと気がつく．これは，ユーザーごとにアイテムの評価全体に，甘い評価者とか厳しい評価者とかの，バイアスがかかっていると

考えられる．そこで，後ほど説明するようなユーザー間のバイアスに配慮
した推定法を使うのがよいと考えられる．

一方，アイテムベースの場合，未知のターゲットアイテムに対してター
ゲットユーザーがすでに評価を行っている（他のアイテムの）評価値を利
用するのでユーザーバイアスへの不安は少ない．

3.2.1 ユーザーベースの最近傍モデル

ターゲットユーザー i がターゲットアイテム j をまだ評価していないと
する．このとき，このアイテムが推奨できるものかどうかを，ユーザー
i と他のユーザー a との間の類似度をすべて計算しておき，類似度の高
いグループユーザーが評価したアイテム j の評価値をもとにして，ユー
ザー i がアイテム j をどのように評価するかを予測して推奨する．予測値
は $\hat{r}_{ij}$ と表現する．類似度を計算する際には，ユーザー i と他のユーザー
a が共通して評価した全アイテムを用いる．したがって，ユーザー a ごと
にそのアイテムの集合は異なっている．

類似度は，前節で示した関数によって求める．2人のユーザー a と b の
間の類似度関数を $\mathrm{sim}_{\mathrm{user}}(a,b)$（ここでは簡単に $s(a,b)$ と記す）とする．
他のユーザーの評価値を参考にする場合，ユーザー i から見たユーザー b
との類似度の値によって重み付けを行う．類似度が高いユーザーには大き
な重みを，低いユーザーには小さな重みを付ける．最近傍グループに選ば
れていないユーザーへの重みは 0 と考えてもよい．ここで，ユーザー i が
アイテム j を評価する際に使う最近傍グループを G_{ij} とする．最も単純
な予測値 $\hat{r}_{ij}$ は

$$\hat{r}_{ij} = \mu_i + \frac{\sum_{b \in G_{ij}} s(i,b) \cdot (r_{bj} - \mu_b)}{\sum_{b \in G_{ij}} |s(i,b)|} \tag{3.13}$$

から求めるのが自然であろう．こうすると，ユーザー間の評価バイアスは
除去されていることになる．

あるいは，ユーザー i の自身への評価の（不偏）分散を考えて，

$$\hat{r}_{ij} = \mu_i + \sigma_i \frac{\sum_{b \in G_{ij}} s(i,b) \cdot z_{bj}}{\sum_{b \in G_{ij}} |s(i,b)|} \tag{3.14}$$

を使うこともある. ここに,

$$\sigma_i = \sqrt{\frac{\sum_{j \in I_i} (r_{ij} - \mu_i)^2}{|I_i| - 1}} \tag{3.15}$$

$$z_{ij} = \frac{r_{ij} - \mu_i}{\sigma_i} \tag{3.16}$$

であり, $|I_i|$ は I_i の個数である.

3.2.2　アイテムベースの最近傍モデル

　アイテムベースの最近傍モデルでは, 評価マトリクスを使う際にマトリクスの行と列の取り扱いが入れ替わるだけで, 予測アルゴリズムはユーザーベースの最近傍モデルとほぼ同じである. ユーザー間の類似性ではなくアイテム間の類似性が使われることになる. このとき, あるアイテムに注目すると, ユーザー間で評価にバイアスが発生していることから, 類似度を計算する際にはこのバイアスが除去された状態であることが望ましい. したがって, 評価マトリクスの各行を, あらかじめ平均が0になるように調整しておく.

　例えば, 類似度にコサインを用いる場合, この操作を行うことでシフトコサインを使っていることになる. ピアソンの相関係数では変化はない.

3.2.3　具体例

　図3.1に, ユーザーベースのアルゴリズム, およびアイテムベースのアルゴリズムを説明するために, 簡単な評価マトリクスの例を示す. 評価値は1から5の5段階で, 空欄は評価されていないことを表す. ユーザーは u_1 から u_5 までの5人, アイテムは i_1 から i_5 までの5つである. 図の右には, 平均および, u_1 とその他のユーザーとの間の類似度として相関, cos, iucos を u_2 から u_5 までについて示している. 同様に, 図の下には, 平均および, i_1 とその他のアイテムとの間の類似度として相関,

	i_1	i_2	i_3	i_4	i_5	平均	相関	cos	iucos
u_1		2	4	3	5	3.50			
u_2	1		3	2	4	2.50	1.00	1.00	0.10
u_3	3	4	5		5	4.25	0.94	0.97	−0.04
u_4	2	1		4	3	2.50	0.50	0.92	−0.39
u_5	2	2	5	3		3.00	0.98	0.99	−0.45
平均	2.00	2.25	4.25	3.00	4.25				
相関		0.94	0.87	0.87	0.50				
cos		0.95	0.97	0.99	0.94				
uicos		0.68	−0.77	0.00	−0.97				

図 3.1 評価マトリクスと類似度

cos, uicos を i_2 から i_5 までについて併記している. ここで相関というのはピアソンの相関係数のことである. また, cos はコサイン, iucos はユーザーシフトコサイン, uicos はアイテムシフトコサインを表す. ここでは, u_1 が i_1 をどう評価するかを予測したい.

まず, ユーザーベースの協調フィルタリングでは, u_1 に最も近い 2 人のユーザーを選ぶ. 例えば, 前述した方法で相関 ($\text{correl}_{\text{user}}$) を計算してみる. 例えば, 1 番上の相関の値が 1 と書かれているのは, u_1 と u_2 の間で, i_3, i_4, i_5 の 3 つを評価したベクトル (r_{13}, r_{14}, r_{15}) と (r_{23}, r_{24}, r_{25}) の間の相関係数である. 2 番目の相関の値では, i_2, i_3, i_5 の 3 つを使っていて, これは u_1 と u_2 で使ったアイテムの組とは異なっている. このように計算した相関係数の中で上位 2 つを選ぶと (2 最近傍), u_2 と u_5 が高い類似度の値を示していることがわかる. そこで, この 2 ユーザーが最近傍グループとなる.

次に, r_{11} の予測値には, この 2 ユーザーからの相関係数の重みを加味した重み付き評価平均

$$
\begin{aligned}
\hat{r}_{11} &= \mu_{u1} + \frac{\text{correl}_{21} \times (r_{21} - \mu_{u2}) + \text{correl}_{41} \times (r_{41} - \mu_{u4})}{|\text{correl}_{21}| + |\text{correl}_{41}|} \\
&= \frac{1.00 \times (1 - 2.50) + 0.98 \times (2 - 2.50)}{1.00 + 0.98} \\
&= 2.25
\end{aligned}
\tag{3.17}
$$

を計算した値を用いる. i_1 のユーザー平均は 2.00 なので, 推定値 $\hat{r}_{11} =$

2.25 は妥当と思われる.

　次に，アイテムベースの協調フィルタリングでは，u_1 に最も近い2つのアイテムを選ぶ．シフトコサイン uicos を見ると，i_2 と i_4 が高い類似性の値を示していることがわかるので，この2つを最近傍グループに入れる．2つのアイテムからのコサインの重みを加味した重み付き評価平均の値は

$$\hat{r}_{11} = \frac{\cos_{i2} \times r_{12} + \cos_{i4} \times r_{14}}{|\cos_{i2}| + |\cos_{i4}|}$$

$$= \frac{0.68 \times 2 + 0.00 \times 3}{0.68 + 0.00} \tag{3.18}$$

$$= 2.00 \tag{3.19}$$

となる．u_1 のアイテム平均は 3.50 であるが，それにもかかわらず，推定値 $\hat{r}_{11} = 2.00$ の方が妥当と思われる.

　両者の推定値の値を比較すると，離散値としての評価値は2と考えるのがよさそうである.

　この例では，ユーザー1に薦めたいアイテムは1つしか設定していないが，2つ以上の空欄がある場合には，それぞれの評価値を推定して，最も高い値を示すアイテムから順に推薦するということになる.

3.3　ユーザーベースとアイテムベースの比較

　協調フィルタリングでは，ユーザーベースとアイテムベースのどちらを用いたらよいのだろうか．マトリクスの行と列が変わっただけで相違点はないようにも思えるが，行にはユーザーの，列にはアイテムの特性が入っているので，ユーザーベースとアイテムベースの結果は同じではない.

　ユーザーベースを用いる場合，ターゲットユーザーのターゲットアイテムの評価値を予測する際には，別のユーザーの評価値を用いており，このため（別のユーザーの）ユーザーバイアスがかかっている．したがって，この場合，ユーザーの評価平均でバイアスを除去するために調整された類似度を用いることが必要となる．それでも，ターゲットユーザーの評価で

はないので信頼性に疑問は残る.

　したがって，ターゲットユーザー自身の評価を使ったアイテムベースの方が評価値への信頼性が高くなると考えられる．こういった面からは，データセットの違いにもよるが，信頼性は，一般にはアイテムベースの方が高いと考えられている．これは，ユーザーは似通った傾向を選ぶ頻度が高いということを示しており，安定して（現在の）似たような好みを選ぶという静的な選択方法になる．固定的なオフライン[1]で予測誤差を評価基準とした場合には，安定して良い結果が得られることが期待されるであろう．また，一般に，推薦システムに提供されているユーザーの数とアイテムの数とでは前者が圧倒的に多いため，参考にする評価値の数が多いアイテムベースの方が安定して信頼性の高い予測結果をもたらすとも考えられる.

　ところが，評価基準の視点を変えてみると異なった見方も生まれてくる．ユーザデータベースは，ユーザー間のバイアスが存在するが，これは必ずしも良くないというものでもない．つまり，思いもしない新しい発見的なアイテムがユーザーベースでは偶然見つかる可能性が高いことを示している．これは動的に広がりのある選択方法といえ，類似度が高くなくても必ずしもそればかりが良い結果を生むものではない場合には適している．新しいアイテムへの広がりは，閉じた集合の中ではなく，新規性，多様性，あるいはセレンディピティ（偶然発見性）といった開いた集合から見つけられるという場合である.

　さて，ユーザーベースでは評価マトリクスのアイテム間の類似性は無視され，アイテムベースではユーザー間の類似性は無視されているため，これを補強する方法も考案されている．つまり，アイテム間の類似性とユーザー間の類似性の両方を組み合わせて用いたさまざまな類似度関数を用いる方法が提案されている．しかし，ここでは詳細については省略する.

---

[1]ここでは学習データの追加がないデータベースのことをオフラインと呼ぶ．これに対してオンラインは，ユーザーの直近の行動履歴を即時に反映させるデータベースである．即座ではなく，一定期間（例えば日ごと，週ごと）ごとにデータベース更新を行うのがバッチオンラインである.

　これまで見てきたように，最近傍ベースの協調フィルタリングにおいて
ユーザーベースの方法では，ピアソン相関係数やコサインなどのさまざま
な類似度関数を用いて，ターゲットユーザーの最近傍を求め，その後ユー
ザー間のバイアス調整を行ってから，空欄の評価値を推定する．また，ア
イテムベースでも同様なことを行っているが，ユーザー間バイアス調整は
不要であった．また，最近傍ベースの方法は線形モデルとみなすことがで
きるため，どちらの方法でも，類似度の値を使用してヒューリスティック
な方法で重みつきの計算を行うこともできる．その際，線形回帰モデルを
使用して重みを学習することもできる．

　ただし，最近傍ベースの協調フィルタリングでは，類似度を比較する際
に用いたベクトル間での要素は，評価値が全部観測されているペアである
必要があり，一般のスパース性の高い評価マトリクスの場合には問題とな
る．通常，ユーザーは少数の評価のみを指定しているからである．このよ
うなとき，次元削減法が有効になる場合もあるが，マトリクスの一部を使
う最近傍ベースではなく，マトリクスの全体から空欄を推定するという方
法が有効になってくる．そこで，次章では，そのようなモデルベース協調
フィルタリングについて述べよう．

　文献については，最近傍ベースの協調フィルタリングシステムは [46]
に，ユーザーベース，アイテムベースの比較などは [145] や [100] に，ユー
ザーベース，アイテムベースでの類似性の統合は [169] や [168] にまとめ
られている．また，総合的にまとめられているのは [4] である．

第 **4** 章

モデルベース協調フィルタリング

4.1 モデルベースとは

前章で述べた最近傍ベースの協調フィルタリングは，k 最近傍分類を拡張した方法になっているともいえる．そこでは，ターゲットデータに似たデータからの情報をもとに，データに直結して推論を行う方式を使っていた．これは，利用できるデータの一部を利用して，その近辺で利用するような，いわば地域限定で通用するというような方法であり，新しい領域への発展性には乏しいように思われる．アルゴリズムとしては，分類問題で使われてきたバギング，ブースティングやモデルの組み合わせなどを協調フィルタリングにも適用することによって，ある程度の予測精度の向上は期待できると思われる．しかし，もう少しデータの全体を俯瞰して推論が立てられないだろうか．

モデルベースの推薦システム (model-based collaborative filtering) とは，このような視点から，データを支配している法則，あるいは数理モデルを想定して，そのモデルをコントロールしているパラメータを推定したり，あるいは複数のモデルの中から最適と思われるモデルを選定したりするというように，データから得られるルールを簡潔に表現しながら，より予測精度の良いものを探ろうとするシステムである．もし，全体のデータの振る舞いを表現できるモデルが作れれば，観測されるデータ内の推論だけでなく，より広い領域での展開の可能性もある程度期待できる．また，

モデルが簡素であれば，予測は頑健になることが想像されるし，多くの蓄積されたデータをその都度用いるコストも省くことができる．

　推薦システムでそのような予測システムを構築する際には，機械学習の分野で用いられる手法が活用できると考えられる．例えば，あるモデルを想定したとき，観測データをそのモデルにあてはめた結果がうまくいったのか，外れているのかを確認する必要が出てくる．モデルを構築するためのデータも，モデルが妥当であるかどうかを確認するためのデータも，同じ観測データからしか求められない．機械学習の分野で通常行われているように，データのいくつかをモデル構築として，残りをモデル検証として，トレーニングデータ，テストデータを策定する必要がある．これは，これまでの機械学習の分野（決定木，回帰モデル，ランダムフォレスト，サポートベクターマシン，ニューラルネットワークなど）で用いられている方法と同じような推論の展開が求められていることを表している．それは，第1章で説明したように，推薦システムの問題の定式化の中に従来の機械学習の分野が含まれてしまうということからの自然な帰結でもある．したがって，これらの機械学習で用いられてきた方法論は推薦システムにも適用可能と考えられる．

　また，k 最近傍のように近傍だけしか見ないよりも，全体を見渡して予測を行う方が適しているのは，1）全体を学習して構築された数理モデルの記述はデータそのもののサイズよりも簡潔になっており，2）学習にかかる計算コストはかかっても，一旦モデルが確定できると，予測を行う計算コストは低く見積もられる，ということが想定されるからでもある．

　本章では，推薦システムにおける決定木と回帰に触れた後，ルールベースの協調フィルタリングについて述べ，次に潜在因子モデルについて述べる．最後に，潜在因子モデルと最近傍モデルを統合したモデルについても触れる．

4.2　決定木

　ここでは，決定木を協調フィルタリングに拡張することを考える．決

定木は，x を説明変数（特徴量），y を目的変数（クラス変数）にしたときに，$y = f(x)$ の形で（y の）分類問題を解決する方法の 1 つである．したがって，y は離散値であるが，x は離散値であっても連続値であってもよい．f には 2 進木が用いられる（付録 A.2.3 を参照）．

ここでの問題は，m ユーザーと n アイテムからなる $m \times n$ マトリクスに離散値の評価値（例えば，$1, 2, 3, 4, 5$）が不完全マトリクスの形で入っていて，マトリクスの中で，観測されていないある (i, j) 要素（空欄）の数値を予測したいということである．

分類する目的変数には評価値から決まるカテゴリーが入り，説明変数にもユーザーとアイテムによる評価値から決まるカテゴリーが入る．決定木の独立変数と従属変数はたまたま同じ数値の範囲になっている．

協調フィルタリングへの拡張された決定木を作る 1 つの方法 [4] は次のとおりである．今，ターゲットとなる空欄のある列 j 以外の $n-1$ 個の列ベクトルをまず決定木にかけて分類し，このような決定木を n 種類作る．このとき，分類された決定木の $(i, j-)$ 要素の値の情報を (i, j) 要素の予測に使う．ここで，$(i, j-)$ 要素とは，j 列以外の列の i 行の要素で空欄になっていない要素すべてである．ただし，これは，マトリクスがスパースでないときには簡便な方法であるが，推薦システムのユーザーとアイテムからなるマトリクスは一般にスパースである．そこで，n 個の木を作るため，j 番目の列を除く $m \times (n-1)$ マトリクスを，すべての要素が完全に指定された低次元の $m \times d$ 次元（d は n に比べてはるかに小さい）に一旦縮小変換 [5, 125] してから木を作る方法をとる．ユーザー i によるアイテム j の評価を予測するには，$m \times d$ マトリクスの i 番目の行をテスト項目として使用し，j 番目の決定木のモデルを使って対応する評価値を予測することになる．

4.3　ルールベース

ここでは，ルールベースの協調フィルタリング [7, 8] について簡単に説明する．ルールベースとは，例えば，スーパーマーケットでの買い物では

ある商品セットに関連して別の商品が自然に想起されるというアソシエーションルールが起源となっている．そのようなアイテムは，ユーザーとアイテムからなるマトリクスを見たとき，関連するアイテムへの評価値が集中しているように見えるはずである．したがって，部分的にそれらのアイテム間では関連性が高い．

　ここで，買い物の一連の動作を考えてみよう．ある買い物の中にアイテムの集合 X が入っていると仮定しよう．アイテムの集合 X のサポートとは，全体の買い物に対する X を含む買い物の割合をいう．例えば，どの買い物にも X が入っていればサポートは 1 である．また，ある買い物の中に X が入っているという条件のもとで，Y もその買い物に入っているという条件付確率を確信度という．アイテム集合 X と Y の間で，X を買えば Y も買う，というようなルールが高確率で成り立つとき，ルール $X \Rightarrow Y$ は確信度が高い．アソシエーションルールとは，サポートと確信度がそれぞれある閾値以上にあるときのルール $X \Rightarrow Y$ のことをいう．

　協調フィルタリングでは，このようなアソシエーションルールをアイテムの中からあらかじめ探しておくことが推薦システムを準備する上で重要になる．推薦システムは，この情報を，あるユーザーがあるアイテムを購入したとき，それに付随するルールをすべて探し出し，確信度の高いルールの中に含まれる関連アイテムを推薦するというような流れで使うことができる．

　アソシエーションルールは，協調フィルタリングでユーザー間の協調をとるか，アイテム間の協調をとるかによって，最近傍ベースでの協調フィルタリングで議論したように，アイテムベースモデルとユーザーベースモデルを考えることができる．

4.4　潜在因子モデル

　推薦システムで取り扱うユーザーとアイテムからなるマトリクスでは，行と列の重要な部分は強く相関している場合が多い．このことは，データには冗長性があり，もとのマトリクスを情報を失わずに低ランクのマトリ

クスに変換できる可能性があることを示唆している．潜在因子モデルというのは，マトリクスで主要な情報となっている因子を探っていこうとするモデルである．

　実は，推薦システムのアルゴリズムでは，先述した，最近傍ベースの協調フィルタリングなど比較的初期の頃から使われてきた方法よりも，このような潜在因子を探っていく方法がより効果が高いことがわかってきた．しかし，潜在因子モデルでは初期値を与えたうえで繰り返し計算を行わなければならず，そのときの結果は初期値に対しては敏感である可能性がある．したがって，初期値を適切に選んでいくことが望ましい．そういう意味で，従来行われてきた方法によって求めた値を初期値として利用することで，古典的な方法を使うことにもその意義を見つけることができる．

　潜在因子モデルとしてよく使われる方法にマトリクス分解法 (matrix decomposition, matrix factorization) がある．マトリクス分解法では，すべての行と列の相関を分解によって活用できているので，マトリクス全体を構築するには優れた方法であると考えられる．その理由は，マトリクス分解法に深く関係している，主成分分析 (principal component analysis, PCA) や特異値分解 (singular value decomposition, SVD) などでの次元削減は，データの冗長な部分を取り除くということに相当しているため，低ランクのマトリクスでも不完全マトリクスを完全化するのに十分機能するからである．ただし，特異値分解では，分解されたマトリクスを構成するベクトルが互いに直交しているという性質があるが，マトリクス分解によって得られた分解マトリクスのベクトル間には直交性は保証されていない．しかしながら，マトリクス分解法によって得られた（マトリクスの）結果は特異値分解で得られた（マトリクスの）結果によく近似できていると考えられ，そのためマトリクス分解法は特異値分解での次元削減と同じように機能していると考えられる．このことは，4.5.4 項に示す例からも示唆される．

4.5　マトリクス分解法

4.5.1　制約なしマトリクス分解法

マトリクス分解法は，マトリクス $R = (r_{ij}) \in \mathbb{R}^{m \times n}$ において，ユーザー i がアイテム j に評価値を与えたときの要素 r_{ij} を利用して，評価値の与えられていないマトリクスの空欄要素を推定しようとするものである．

1 つの方法として，もし，$U \in \mathbb{R}^{m \times k}$ と $V \in \mathbb{R}^{n \times k}$ のすべての要素が与えられており，マトリクス $R \in \mathbb{R}^{m \times n}$ における観測値 r_{ij} が，U と V^{T} の積で作られたマトリクス $UV^{\mathsf{T}} = P \in \mathbb{R}^{m \times n}$ の (i, j) 要素に近似できていれば，R の空欄の (i, j) 要素も P の (i, j) 要素によって求められるのではないかと考えられる．これを，マトリクス分解法（matrix decomposition, MD，あるいは，matrix factorization, MF）と呼ぶ．ここで，U を $U = (\boldsymbol{u}_1, \ldots, \boldsymbol{u}_k)$ とするとき，$\boldsymbol{u}_l$ は m 個の要素を持つベクトルになるが，それらを U における深さ l 番目のベクトルと呼ぼう．また，U の最大深さを k とする．同様に，V についても，$V = (\boldsymbol{v}_1, \ldots, \boldsymbol{v}_k)$ とするとき，V における深さ l 番目のベクトル $\boldsymbol{v}_l$ を定義することができる．ここで，$\boldsymbol{v}_l$ は n 個の要素を持つベクトルになる．

推薦システムにおいて，マトリクス R の要素の値にはもともと $\{1, 2, 3, 4, 5\}$ のようなカテゴリーを表す値が定義されていた．R が U と V^{T} の積 P に近似的に分解された場合，P の要素の値は $\{1, 2, 3, 4, 5\}$ のカテゴリー値に一致しないのはもちろんのこと，$[0, 5]$ の範囲を超えることも十分ありうるが，このことを許して P の要素の範囲に制限を設けない方法を制約なしマトリクス分解法（unconstrained matrix factorization (decomposition)）と呼ぶ[1]．

しかしながら，ただ唐突に，あるマトリクスが 2 つのマトリクスの積に分解されるからといって，分解されたマトリクスの積の要素が R の空

---

[1] この制約なしマトリクス分解のことを SVD と呼んでいる文献もあるようであるが，数学的には SVD は特異値分解のことを指すのが正しいので，推薦システムの文献で用いられている SVD と混同しないように注意されたい．

欄要素に意味付けられて対応しているという合理性や妥当性についてはま
だ説明していない．それらについてはとりあえずここでは議論せず，まず
計算法について先に説明する．また，第1章，第2章で紹介したマトリ
クス分解法を用いた回帰や分類，あるいは項目反応理論との対比など，あ
るいは第8章に示すいくつかの応用例に触れることでさらに理解が深ま
ると考える．

さて，このマトリクス分解法を受け入れたとして，R が UV^T に近似で
きているかどうかは，次の2乗誤差 E が許容できる範囲におさまってい
るかどうかで判定しよう．

$$E = \sum_{i=1}^{m} \sum_{j=1}^{n} I(i,j)(r_{ij} - p_{ij})^2 \tag{4.1}$$

ここで，$I(i,j)$ は (i,j) 要素に観測値が与えられているときに $I(i,j) = 1$，そうでないときに $I(i,j) = 0$ を与えるインデックス関数とする．ま
た，p_{ij} は $UV^\mathsf{T} = P$ の (i,j) 要素を表す．具体的に示すと，

$$p_{ij} = \sum_{l=1}^{k} u_{il} v_{jl} \tag{4.2}$$

である．

$E \geq 0$ が小さければ小さいほど，UV^T は R によく近似できているの
で，E の最小値を求めることを考える．関数 E は，未知数に UV^T の
(i,j) 要素すべてを持つ多次元の2次（凸）関数であるから，E が最小値
をとる U と V を求めることは E の極値を求めることによって得られる．
つまり，

$$\nabla E = \mathbf{0} \tag{4.3}$$

の計算を進めることになる．これは最小2乗法による最適化になる．

最小2乗法によって未知数を求める最適化法では，観測値と予測値の
間の2乗誤差の合計に加えて，過剰適合を防ぐために正則化項を加えた
関数の最小化を図るのが一般的である．正則化項には，パラメータのノル

ム（付録 A.1.3 を参照）の 2 乗が用いられている．そこで，式 (4.1) に正則化項を加えた

$$S = \sum_{i=1}^{m} \sum_{j=1}^{n} I(i,j) \left(r_{ij} - \sum_{l=1}^{k} u_{il} v_{jl} \right)^2 + k_u \sum_{i=1}^{m} \sum_{l=1}^{k} \|u_{il}\|^2 + k_v \sum_{j=1}^{n} \sum_{l=1}^{k} \|v_{jl}\|^2 \tag{4.4}$$

によって最小化を図る．ここで k_u および k_v は過剰適合を防ぐための正則化係数である．この定式化は一種のリッジ回帰である．

最適解の候補は，$\boldsymbol{u}^{(0)}$，$\boldsymbol{v}^{(0)}$ を初期値として，

$$u_{il}^{(t+1)} \leftarrow u_{il}^{(t)} - \mu \frac{\partial S}{\partial u_{il}} \bigg|^{(t)}, v_{jl}^{(t+1)} \leftarrow v_{jl}^{(t)} - \mu \frac{\partial S}{\partial v_{jl}} \bigg|^{(t)} \tag{4.5}$$

が収束するまで繰り返す勾配法を用いる．ここで，パラメータ μ は学習率で

$$\begin{aligned}
\frac{\partial S}{\partial u_{il}} &= 2 \sum_{j=1}^{n} I(i,j) \left(r_{ij} - \sum_{l=1}^{k} u_{il} v_{jl} \right) \frac{\partial}{\partial u_{il}} \sum_{l=1}^{k} u_{il} v_{jl} - 2k_u u_{il} \\
&= 2 \sum_{j=1}^{n} I(i,j) \left(r_{ij} - \sum_{l=1}^{k} u_{il} v_{jl} \right) \sum_{l=1}^{k} v_{jl} - 2k_u u_{il}
\end{aligned} \tag{4.6}$$

$$\begin{aligned}
\frac{\partial S}{\partial v_{jl}} &= 2 \sum_{i=1}^{m} I(i,j) \left(r_{ij} - \sum_{l=1}^{k} u_{il} v_{jl} \right) \frac{\partial}{\partial v_{jl}} \sum_{l=1}^{k} u_{il} v_{jl} - 2k_v v_{jl} \\
&= 2 \sum_{i=1}^{m} I(i,j) \left(r_{ij} - \sum_{l=1}^{k} u_{il} v_{jl} \right) \sum_{l=1}^{k} u_{il} - 2k_v v_{jl}
\end{aligned} \tag{4.7}$$

である．

勾配法では，繰り返し計算を行う度に，$\sum_{j=1}^{n}$ や $\sum_{i=1}^{m}$ といった，ユーザーやアイテムごとの勾配を同時に求めているが，1 つのベクトルだけをランダムに選んで，そのベクトル更新だけを行っていっても結果的に収束するし，計算の節約にもなる．これを確率的勾配法 (stochastic gradient descent, SGD) と呼ぶ．

4.5.2 特異値分解とマトリクス分解

マトリクス A が完全マトリクスであれば，$A = U\Sigma V^\mathsf{T}$ のように特異値分解できる．そのとき，A の特徴は，U, Σ, V の特徴を調べることによって推測できると考えられる．例えば，U にはユーザーの特徴が，V にはアイテムの特徴が，Σ には情報の冗長性が入っていると考えられる．

しかし，推薦システムで取り扱うマトリクスは完全マトリクスではない．それどころか，マトリクスのスケールは巨大であり，たとえそのスケールの完全マトリクスでの特異値分解ができたとしても，計算コストは無視できるものではない．さらに，計算コストの問題を克服できたとしても，マトリクスには空欄の割合も大きく，スパースな不完全マトリクスになっているため，直接的な特異値分解を行うことはできない．

そこで，空欄の推定ができて，マトリクスの特徴もある程度把握できる可能性を持つマトリクス分解法は，現実的な方法として推薦システムに利用できる有力な候補になると考えられる．また，第 2 章でも見てきたように，マトリクス分解法は推薦システムだけでなく，他の分野にも適用を広げることができる機能性も持ち合わせている魅力的な方法である．

今，完全マトリクス $A \in \mathbb{R}^{m \times n}$ が，

$$A = U\Sigma V^\mathsf{T} \tag{4.8}$$

のように特異値分解できたとき，Σ を $\Sigma = \Sigma_U \Sigma_{V^\mathsf{T}}$ のように振り分けると，

$$A = (U\Sigma_U)(\Sigma_{V^\mathsf{T}} V^\mathsf{T}) = U'(V')^\mathsf{T} \tag{4.9}$$

のように 2 つのマトリクスに分解できる．この形は，前述したマトリクス分解の形になっている．このように，特異値分解はマトリクス分解と直接関係している．ただし，Σ_U と Σ_{V^T} の作り方には自由度が与えられており，一意的に決められるわけではない．しかし，マトリクスを分解する際に，特異値分解に近い形を目指して $A = UV^\mathsf{T}$ となる U と V を求めることは可能であり，また，分解によってマトリクス A の特徴を U' と $(V')^\mathsf{T}$ に振り分けてとらえることができると考えられる．さらに，画像の

圧縮のように，特異値の大きいものを利用することで，A に含まれる冗長性を削除し，簡素な形でユーザーとアイテムの特徴をとらえることができる可能性がある．以下のマトリクス分解では U' と $(V')^{\mathsf{T}}$ をあらためて U と V^{T} とおいている．

　このように，特異値分解からマトリクス分解を目指したとき，マトリクス分解の解釈は特異値分解での解釈を暗示させるものになると考えられる．しかし，逆にいえば，マトリクス分解の結果は同じようであっても，それを行う際に用いた U と V の初期値については一意性が考えられていないため，必ずしもマトリクス分解の結果から特異値分解の内容までを推し量ることはできない．例えば，特異値分解で計算された U と V^{T} は直交しているが，マトリクス分解で求められた U と V^{T} は必ずしも直交しているとは限らないことに注意する必要がある．

特異値分解とマトリクス分解を関連させた計算アルゴリズム

　ユーザーとアイテムからなるマトリクスのマトリクス分解法のアルゴリズムは前節で示したとおりであるが，ここでは，マトリクス分解を特異値分解と関連づけることができるような計算アルゴリズムについて述べる．ただし，ここで示す方法は，予測値と観測値の残差による誤差 RMSE が最小になるような最適分解アルゴリズムを必ずしも示しているわけではない．特異値分解との関連性を説明する1つの方法であり，また，最適分解アルゴリズムに近いアルゴリズムと考えられる．

　第2章の2.3節で述べたように，受験生が試験を受けたときの成績マトリクスを，$U \in \mathbb{R}^{m \times 1}$ と $V^{\mathsf{T}} \in \mathbb{R}^{1 \times n}$ に分解したとき，U には受験生の能力値が，V^{T} には問題の難易度が対応していると考えられる．特異値分解であれば，このような分解は，特異値 Σ の1番目だけの情報（つまり，最もメジャーな特異値）を用いてマトリクスを粗く近似したと考えることができるため，マトリクス分解法でも U と V^{T} の深さを1にすることで同様な粗い近似が期待できると考えられる．

　そこで，まず $k = 1$ に設定し，

$$\frac{\partial S}{\partial u_{i1}} = 2 \sum_{j=1}^{n} I(i,j)(r_{ij} - u_{i1}v_{j1})v_{j1} - 2k_u u_{i1} \tag{4.10}$$

$$\frac{\partial S}{\partial v_{j1}} = 2 \sum_{i=1}^{m} I(i,j)(r_{ij} - u_{i1}v_{j1})u_{i1} - 2k_v v_{j1} \tag{4.11}$$

によって，$\boldsymbol{u}^{(t)}$，$\boldsymbol{v}^{(t)}$ を更新する．これによって収束した値から，マトリクス $(\hat{\boldsymbol{u}}_1) = \hat{U}_1$，$(\hat{\boldsymbol{v}}_1) = \hat{V}_1$ を作る．次に，$P_1 = \hat{U}_1\hat{V}_1^\mathsf{T}$ を求め，もとのマトリクス A との残差 $R_1 = A - P_1$ を作る．この R_1 をもとのマトリクス A に見立てて，同じように $\boldsymbol{u}^{(t)}$，$\boldsymbol{v}^{(t)}$ を更新していき，収束値を $(\hat{\boldsymbol{u}}_2) = \hat{U}_2$，$(\hat{\boldsymbol{v}}_2) = \hat{V}_2$ とする．そして，$P_2 = \hat{U}_2\hat{V}_2^\mathsf{T}$ を求め，新たな残差 $R_2 = A - P_1 - P_2$ を作る．このような操作を，r を上限する回数として，残差マトリクスがあるノルム以下になるまで繰り返す．ここに，r は $A^\mathsf{T}A$ のランク $r = \mathrm{rank}(A^\mathsf{T}A)$ である．したがって，このときの最大繰り返し回数は高々 k となる．

$\hat{\boldsymbol{u}}_1, \hat{\boldsymbol{u}}_2, \ldots, \hat{\boldsymbol{u}}_k$ によって作られるマトリクスを $\hat{U} = (\hat{\boldsymbol{u}}_1, \hat{\boldsymbol{u}}_2, \ldots, \hat{\boldsymbol{u}}_k)$ とし，$\hat{\boldsymbol{v}}_1, \hat{\boldsymbol{v}}_2, \ldots, \hat{\boldsymbol{v}}_k$ によって作られるマトリクスを $\hat{V} = (\hat{\boldsymbol{v}}_1, \hat{\boldsymbol{v}}_2, \ldots, \hat{\boldsymbol{v}}_k)$ とする．このとき，最終的な残差 $R_k = A - P_1 - P_2 - \cdots - P_k$ は，A と $\hat{U}, \hat{V}$ から作られた $\hat{U}\hat{V}^\mathsf{T} = \hat{P}$ との残差に等しい．このことは，A がマトリクス分解によって分解された結果の U と V に，U には A の行の特徴が，V には A の列の特徴が関連付けられていることを示している．

さて，付録 A.1.4 での特異値分解の定理 A.4 では，特異値分解によって作られた $A_k = \sum_{l=1}^{k} \sigma_l \boldsymbol{u}_l \boldsymbol{v}_l^\mathsf{T}$ は，$\mathrm{rank}(B) \le k$ であるような $m \times n$ マトリクス B に対して，$||A - A_k||$ が最良近似となっている性質を持つことが示されている．したがって，マトリクス分解が誤差最小になるには，マトリクス分解の結果が特異値分解の結果に近くなるように U, V を定めることと同じになっている．

ところで，観測値 $\{x_i\}$ $(i = 1, \ldots, n)$ から 1 点を代表 μ として選び，μ からすべての x_i までの距離の 2 乗和 ES

$$\mathrm{ES} = \sum_{i=1}^{n} (x_i - \mu)^2 \tag{4.12}$$

が最小になるように μ を求める最小2乗法では, μ の最適値は, ES の極値によって得られ, それは平均

$$\mu_{opt} = \frac{1}{n} \sum_{i=1}^{n} x_i \tag{4.13}$$

になっていた.

　したがって, マトリクス分解においても, $\hat{\boldsymbol{u}}_l$ には, そのときのマトリクスの行の平均が, $\hat{\boldsymbol{v}}_l$ には, そのときのマトリクスの列の平均が最適な値の候補と考えられる. 具体的には, 初期値 $\boldsymbol{u}^{(0)}$ には行平均の平方根を, $\boldsymbol{v}^{(0)}$ の候補に列平均の平方根を設定することが望ましい. もし, 収束の判定を l_1 ノルム (lasso) で行う場合には, 最適な値の候補は中央値なので, このときの初期値は中央値に設定することが望ましいと考えられる.

4.5.3　非負マトリクス分解法

　推薦システムで用いられる評価値は離散的な数値であることが多い. それらを単なる好みの度合いを順序数で表したものであるとすれば, 代表的な数値として5段階評価なら $\{1, 2, 3, 4, 5\}$ のような数値を用いるであろう. あるいは, 好きと嫌いをはっきり区別したければ, それは $\{-2, -1, 0, 1, 2\}$ の表現が適切かもしれない. いずれにしろ, 全体をシフトすればすべての評価値を正の数値として取り扱って問題はない. ただし, マトリクス分解によって推定されて評価値がこの範囲を超えるようなことがあれば, それらを定義された評価値の領域内に制約を課すこともある[2]. しかし, 通常は評価値の領域を最小値から最大値までとすれば特段の不都合はない.

　しかし, $P = UV^{\mathsf{T}}$ のようにマトリクス分解された結果, 分解された

---

[2]範囲制約付きのマトリクス分解 (matrix factorization with band constraints)[82] と呼ばれる.

マトリクス U, V の要素の値に負の値が入ってくると解釈が困難になってくることを心配するような場合, U, V の要素に初めから非負の制限を課して最適化を行うことがある. これを, 非負マトリクス分解法 (non-negative matrix factorization)[184] と呼ぶ. 非負マトリクス分解は, マトリクスの要素が非負であるように制限をかけるものになるので, 制約付きのマトリクス分解 (constrained matrix factorization) である. 一般に, このような制限を加えることで, 評価値の推定精度は制約のない場合に比べて落ちる可能性がある.

非負マトリクス分解では, 制約のないマトリクス分解のときに用いた誤差 (4.4) の最小化

$$S = \sum_{i=1}^{m} \sum_{j=1}^{n} I(i,j) \left(r_{ij} - \sum_{l=1}^{k} u_{il} v_{jl} \right)^2 + k_u \sum_{i=1}^{m} \sum_{l=1}^{k} \|u_{il}\|^2 + k_v \sum_{j=1}^{n} \sum_{l=1}^{k} \|v_{jl}\|^2 \tag{4.14}$$

に,

$$u_{il} \geq 0, v_{jl} \geq 0 \tag{4.15}$$

の制約条件を課したものになる. 制約付きの最適化にはラグランジュの方法がしばしば用いられるが, ここでは, Lee & Seung [97] による別の評価法を用いて上記の最適化を図ってみよう.

まず, マトリクス $A = (a_{ij})$ がマトリクス $B = (b_{ij})$ によく近似できているかどうかを測るため, 次のコスト関数 (マトリクスのノルムではないことに注意) を定義する.

$$\|A - B\|^2 = \sum_{ij} (a_{ij} - b_{ij})^2 \tag{4.16}$$

このとき,

$$u_{il} \geq 0, v_{jl} \geq 0 \tag{4.17}$$

の制約下で, コスト関数

$$T = ||R - UV^\mathsf{T}|| \tag{4.18}$$

を最小にする U, V は，次のような $u_{il}^{(t)}$, $v_{il}^{(t)}$ が収束するまで t を更新することによって求めることができる．

$$u_{il}^{(t+1)} = \frac{(RV)_{il}}{(UV^\mathsf{T}V)_{il}} u_{il}^{(t)} \tag{4.19}$$

$$v_{il}^{(t+1)} = \frac{(R^\mathsf{T}U)_{il}}{(VU^\mathsf{T}U)_{il}} v_{il}^{(t)} \tag{4.20}$$

また，$(R^\mathsf{T}U)_{il}$ は $R^\mathsf{T}U$ の (i,l) 要素，$(UV^\mathsf{T}V)_{il}$ は $UV^\mathsf{T}V$ の (i,l) 要素などとする．ここで，計算の安定化を図るため，分母の $(UV^\mathsf{T}V)_{il}$, $(VU^\mathsf{T}U)_{il}$ が 0 になることを防ぐ意味で，それらに小さな数 ε を加えておくこともある．

　マトリクス分解を行う際に，まず $k = 1$ のときのみの分解を行っておき，次に，R から $P = UV^\mathsf{T}$ を引いた残差マトリクスをあらためて R と考えて，$k = 1$ のときのみの分解を行うということを逐次的に行っていくと，$U = (\boldsymbol{u}_1, \boldsymbol{u}_2, \ldots, \boldsymbol{u}_k)$，$V = (\boldsymbol{v}_1, \boldsymbol{v}_2, \ldots, \boldsymbol{v}_k)$ を作ることができる．このとき，$\boldsymbol{u}_l$ と $\boldsymbol{v}_l$ の組には，ユーザーとアイテムの l 番目の特徴が表されていると考えることができる．例えば，試験の成績の場合，ユーザー i の $\boldsymbol{u}_1$ はユーザー i の能力値の代表値を表し，アイテム j の $\boldsymbol{u}_1$ はアイテム j の困難度（この場合，困難度というよりもむしろ問題の容易性の意味になる）の代表値を表していると考えることができる．そこでは，能力値，困難度（容易性）ともに正の値が付与されていることで解釈が容易になる．

4.5.4　例によるマトリクス分解法の説明

　マトリクス分解法を説明するために簡単な例を用いよう．今，マトリクス M を

$$M = \begin{pmatrix} \boxed{*} & 1 & \boxed{*} \\ 3 & \boxed{*} & 2 \\ \boxed{*} & \boxed{*} & 3 \end{pmatrix} \tag{4.21}$$

と仮定する．マトリクスの空欄（ここでは $\boxed{*}$）はデータが観測されていないので M は不完全マトリクスになる．これを $M \approx UV^\mathsf{T}$ のようにマトリクス分解したい．

特異値分解

もし，M が次の R のような完全マトリクスであれば，（この R のように巨大なサイズのマトリクスでなければ）マトリクス分解は特異値分解することが可能になる（ここで，R は先の M の空欄部分にすべて 3 を入れたものである）．

$$R = \begin{pmatrix} 3 & 1 & 3 \\ 3 & 3 & 2 \\ 3 & 3 & 3 \end{pmatrix} \tag{4.22}$$

実際に特異値分解を行ってみよう．

$$P = \begin{pmatrix} 0.514 & 0.829 & -0.222 \\ 0.570 & -0.523 & -0.633 \\ 0.641 & -0.199 & 0.741 \end{pmatrix}, \tag{4.23}$$

$$\Sigma = \begin{pmatrix} 8.07 & 0 & 0 \\ 0 & 1.61 & 0 \\ 0 & 0 & 0.461 \end{pmatrix}, \tag{4.24}$$

$$Q^\mathsf{T} = \begin{pmatrix} 0.641 & 0.514 & 0.570 \\ 0.199 & -0.829 & 0.523 \\ -0.741 & 0.222 & 0.633 \end{pmatrix} \tag{4.25}$$

によって，$R_3 = P\Sigma Q^\mathsf{T}$ と分解でき，R と R_3 は一致する．このとき，P，Σ，Q の次元を落とせば，$P\Sigma Q^\mathsf{T}$ は，R_3 に比べて精度は落ちるが，下に

示すように R に近似できている.

そこで，Σ の特異値を 2 つだけ使って次元を落とした場合

$$
\begin{pmatrix} 0.514 & 0.829 \\ 0.570 & -0.523 \\ 0.641 & -0.199 \end{pmatrix} \begin{pmatrix} 8.07 & 0 \\ 0 & 1.61 \end{pmatrix} \begin{pmatrix} 0.641 & 0.514 & 0.570 \\ 0.199 & -0.829 & 0.523 \end{pmatrix}
$$

$$
= \begin{pmatrix} 2.92 & 1.02 & 3.06 \\ 2.78 & 3.06 & 2.18 \\ 3.25 & 2.92 & 2.78 \end{pmatrix} = R_2
$$

$$(4.26)$$

と，1 つだけ使った場合

$$
\begin{pmatrix} 0.514 \\ 0.570 \\ 0.641 \end{pmatrix} \begin{pmatrix} 8.07 \end{pmatrix} \begin{pmatrix} 0.641 & 0.514 & 0.570 \end{pmatrix}
$$

$$
= \begin{pmatrix} 2.66 & 2.13 & 2.37 \\ 2.95 & 2.37 & 2.63 \\ 3.31 & 2.66 & 2.95 \end{pmatrix} = R_1 \qquad (4.27)
$$

の R の変化 $(R_2,\ R_1)$ を見てみる．R_2 は $R(= R_3)$ に近いように見えるが，R_1 は R とは少しだけ離れているように見える.

さて，一方，R を特異値分解することによって，R の特異値 σ_l と分解されたマトリクス U と V から得られるベクトル $\boldsymbol{u}_l$, $\boldsymbol{v}_l^{\mathsf{T}}$ を使えば，R は，

$$
R = \sum_{l=1}^{3} \sigma_l \boldsymbol{u}_l \boldsymbol{v}_l^{\mathsf{T}} \tag{4.28}
$$

とも表現できていた．ここに，$\boldsymbol{u}_l$ は P の l 行目のベクトル，σ_l は Σ の l 番目の対角要素，$\boldsymbol{v}_l^{\mathsf{T}}$ は Q^{T} の l 列目のベクトルである．今，

$$M_i = \sigma_i \boldsymbol{u}_i \boldsymbol{v}_i^\mathsf{T} \tag{4.29}$$

$$A_i = \sum_{l=1}^{i} M_i \tag{4.30}$$

によって M_i, A_i を定義すると,

$$M_1 = \begin{pmatrix} 2.66 & 2.13 & 2.37 \\ 2.95 & 2.37 & 2.63 \\ 3.31 & 2.66 & 2.95 \end{pmatrix}, M_2 = \begin{pmatrix} 0.266 & -1.11 & 0.699 \\ -0.168 & 0.699 & -0.441 \\ -0.0638 & 0.266 & -0.168 \end{pmatrix},$$

$$M_3 = \begin{pmatrix} 0.0758 & -0.0227 & -0.0647 \\ 0.216 & -0.0647 & -0.185 \\ -0.253 & 0.0758 & 0.216 \end{pmatrix}, \tag{4.31}$$

$$A_1 = \begin{pmatrix} 2.66 & 2.13 & 2.37 \\ 2.95 & 2.37 & 2.63 \\ 3.31 & 2.66 & 2.95 \end{pmatrix}, A_2 = \begin{pmatrix} 2.92 & 1.02 & 3.06 \\ 2.78 & 3.06 & 2.184 \\ 3.25 & 2.92 & 2.78 \end{pmatrix},$$

$$A_3 = \begin{pmatrix} 3 & 1 & 3 \\ 3 & 3 & 2 \\ 3 & 3 & 3 \end{pmatrix} \tag{4.32}$$

となっていることがわかる.

$A - M_1 = S_1$ は, A から, $\boldsymbol{u}_1$, $\boldsymbol{v}_1$ だけを使って作られた M_1 を引いた残差になっており, この残差マトリクスを特異値分解して $\boldsymbol{u}_2$, $\boldsymbol{v}_2$ を使って作られたマトリクスは M_2 になっており, 同様に, $A - M_1 - M_2 = S_2$ を特異値分解して $\boldsymbol{u}_3$, $\boldsymbol{v}_3$ を使って作られたマトリクスは M_3 になっている. このとき, $A - M_1 - M_2 - M_3 = 0$ である. このことは, マトリクス分解を行うときにも, もとのマトリクスに対する $\boldsymbol{u}_1$, $\boldsymbol{v}_1$ だけを求めて $\boldsymbol{u}_1\boldsymbol{v}_1^\mathsf{T}$ を作り, 次に残差マトリクスと $\boldsymbol{u}_2$, $\boldsymbol{v}_2$ から $\boldsymbol{u}_2\boldsymbol{v}_2^\mathsf{T}$ を作り, 作られたマトリクスとの残差に対して, さらにマトリクス分解を行っていくという操作を繰り返せば, 最適な分解に近くなることを示唆している.

表 4.1 に $R, M_1, M_2, M_3, S_1, S_2, S_3$ のノルムと特異値を示す. 完全マト

表 4.1　$R, M_1, M_2, M_3, S_1, S_2, S_3$ のノルムと特異値

マトリクス	l_1 ノルム	l_∞ ノルム	特異値		
			σ_1	σ_2	σ_3
R	9	9	8.07	1.61	0.461
M_1	8.93	8.93	8.07	0	0
M_2	2.07	2.07	0	1.61	0
M_3	0.545	0.545	0	0	0.461
S_1	2.11	2.11	1.61	0.461	0
S_2	0.545	0.545	0.461	0	0
S_3	0	0	0	0	0

リクスでの特異値分解では，マトリクスが，特異値 σ_l とそれに対応する M_l のベクトル $\boldsymbol{u}_l$，$\boldsymbol{v}_l$ の和の形に分解されていることがわかる．

マトリクス分解

　ここでは，上の特異値分解で用いた例と同じ R に対して，先に示したマトリクス分解法アルゴリズムによって求められた U と V から求められる UV^T を，特異値分解によって求められた R_1, R_2, R_3 のそれぞれと比較してみよう．

　はじめに，適切に U と V の初期値を定めておく．学習率を 0.001，正則化係数を 0.02 と設定して，安定した収束値になるまで繰り返し計算を行う．

　まず，U と V の深さ k が 1，2，3 の場合について，すべての U と V の要素を未知数としたときの収束値は，それぞれ次のとおりとなる．

$$U_1 = \begin{pmatrix} 1.42 \\ 1.57 \\ 1.77 \end{pmatrix}, \ V_1^\mathsf{T} = \begin{pmatrix} 1.87 & 1.50 & 1.66 \end{pmatrix} \tag{4.33}$$

$$U_1 V_1^{\mathsf{T}} = \begin{pmatrix} 2.65 & 2.12 & 2.36 \\ 2.94 & 2.36 & 2.62 \\ 3.30 & 2.65 & 2.94 \end{pmatrix} = \hat{R}_1 \tag{4.34}$$

$$U_2 = \begin{pmatrix} 1.78 & 0.0619 \\ 0.885 & 1.48 \\ 1.25 & 1.28 \end{pmatrix}, \quad V_2^{\mathsf{T}} = \begin{pmatrix} 1.60 & 0.521 & 1.69 \\ 0.962 & 1.76 & 0.509 \end{pmatrix} \tag{4.35}$$

$$U_2 V_2^{\mathsf{T}} = \begin{pmatrix} 2.91 & 1.04 & 3.04 \\ 2.78 & 3.04 & 2.18 \\ 3.24 & 2.91 & 2.78 \end{pmatrix} = \hat{R}_2 \tag{4.36}$$

$$U_3 = \begin{pmatrix} 1.56 & -0.130 & 0.871 \\ 0.500 & 1.16 & 1.21 \\ 1.23 & 1.30 & 0.558 \end{pmatrix}, \quad V_3^{\mathsf{T}} = \begin{pmatrix} 1.17 & 0.360 & 1.67 \\ 0.594 & 1.62 & 0.490 \\ 1.41 & 0.761 & 0.502 \end{pmatrix} \tag{4.37}$$

$$U_3 V_3^{\mathsf{T}} = \begin{pmatrix} 2.98 & 1.01 & 2.98 \\ 2.98 & 2.98 & 2.01 \\ 3.01 & 2.98 & 2.98 \end{pmatrix} = \hat{R}_3 \tag{4.38}$$

特異値分解時の誤差 RMSE（各要素のもとの値と推定値との2乗誤差の平方根）は，$k = 1, 2, 3$ に応じて，それぞれ，0.559，0.154，0 となる．一方，マトリクス分解を行ったときの RMSE は，$k = 1, 2, 3$ に応じて，それぞれ，0.560，0.154，0.0173 となっている．ここで，RMSE は，

$$\text{RMSE} = \sqrt{\frac{1}{|I(i,j)|} \sum_{i=1}^{m} \sum_{j=1}^{n} I(i,j)(r_{ij} - p_{ij})^2} \tag{4.39}$$

で与えられる．また，$|I(i,j)|$ は R の空欄を除いた要素数を表しており，ここでは 9 である．マトリクス分解の精度は特異値分解のそれと近いのでマトリクス分解がうまく動いていることが確認できる．$k = 1, 2, 3$ に応じた RMSE を表 4.2 に示す．

表 4.2　フルマトリクス R を用いたときの RMSE

k	特異値分解	マトリクス分解 (適切な初期値)	マトリクス分解 (均等配分初期値)
1	0.5592	0.5593	0.5593
2	0.1536	0.1542	0.5593
3	0	0.01729	0.5593

初期値依存性

　先に,「適切に初期値を選ぶと」という表記をした. どのような初期値を選んでも, 収束にかかる時間が変動するとしても, 収束値はすべて同じ値であってほしい. しかし, マトリクス分解法では不適切な初期値を選んだ場合, 思うような精度が得られない可能性がある.

　例えば, 先の例で, $k = 1$ の場合, U_1 と V_1^T の初期値を

$$U_1 = \begin{pmatrix} 1.73 \\ 1.73 \\ 1.73 \end{pmatrix}, \ V_1^\mathsf{T} = \begin{pmatrix} 1.73 & 1.73 & 1.73 \end{pmatrix} \tag{4.40}$$

を選んだ場合, 収束値は

$$\begin{pmatrix} 2.65 & 2.12 & 2.36 \\ 2.94 & 2.36 & 2.62 \\ 3.30 & 2.65 & 2.94 \end{pmatrix} = \hat{R}_1 \tag{4.41}$$

になる. 精度を上げようと $k = 2$ にして, U_2 と V_2^T の初期値を

$$U_2 = \begin{pmatrix} 1.22 & 1.22 \\ 1.22 & 1.22 \\ 1.22 & 1.22 \end{pmatrix}, \ V_2^\mathsf{T} = \begin{pmatrix} 1.22 & 1.22 & 1.22 \\ 1.22 & 1.22 & 1.22 \end{pmatrix} \tag{4.42}$$

に選んだ場合, 収束値は, $k = 1$ の場合とまったく同じ

$$\begin{pmatrix} 2.65 & 2.12 & 2.36 \\ 2.94 & 2.36 & 2.62 \\ 3.30 & 2.65 & 2.94 \end{pmatrix} = \hat{R}_2 \tag{4.43}$$

になる. さらに精度を上げようと $k = 3$ にして, U_3 と V_3^T の初期値を

$$U_3 = \begin{pmatrix} 1 & 1 & 1 \\ 1 & 1 & 1 \\ 1 & 1 & 1 \end{pmatrix}, \ V_3^\mathsf{T} = \begin{pmatrix} 1 & 1 & 1 \\ 1 & 1 & 1 \\ 1 & 1 & 1 \end{pmatrix} \tag{4.44}$$

と選んだ場合, 収束値は, $k = 1, 2$ の場合とまったく同じ

$$\begin{pmatrix} 2.65 & 2.12 & 2.36 \\ 2.94 & 2.36 & 2.62 \\ 3.30 & 2.65 & 2.94 \end{pmatrix} = \hat{R}_3 \tag{4.45}$$

になる.

k の深さを変えても精度がまったく変わらないのは, 初期値をすべて均等に配置したため, U と V^T の自由度が $k = 1$ の場合と変わらないからである. 例えば, U_2 と V_2^T の初期値を使って $U_2 V_2^\mathsf{T}$ を求めてみると, U_1 と V_1^T の初期値を用いて $U_1 V_1^\mathsf{T}$ を求めた場合と何も変わっていない. したがって, 修正項は $k = 1, 2$ のいずれの場合でも同じになるため, 収束値も同じ値になるからである. これは $k = 3$ のときも同じである. U と V^T の初期値をすべての要素で等しくなるようにして繰り返し計算を行うとうまくいくように思えるがそれは錯覚である. 要素間である程度の変動を与えておいた方が与えられた自由度が活きてくる. 初期値に依存した RMSE の比較は表 4.2 を参照されたい.

初期値選定の例

上の例で見てきたように, マトリクス分解法では不適切な初期値を用いると精度が保てなくなるおそれがある. 初期値は, 均等に配分して設置するのではなく, ある程度撹乱を入れておいた方がよいことがわかる.

一方，深さ k の値が小さいほど未知数は少ないので収束は速い．そこで，速い収束を目指しながら一様な配分にならないように，ここでは次のように初期値の設定を行ってみた．

1. $k = 1$ のとき：U_1 の初期値は均等配分とする．V_1^T の初期値には傾斜を付ける．$U_1 V_1^\mathsf{T}$ から作られるマトリクスの要素の値を 3 に設定する場合，$U_1 = (\sqrt{3}, \sqrt{3}, \sqrt{3})$ である．V_1^T の傾斜の付け方はいろいろあると考えられるが，ここでは配分比を $\sqrt{3} : \sqrt{2} : \sqrt{1}$ のようにした．

2. $k = 2$ のとき：U_1 と V_1^T の収束値を取り込んだ上で，U_2 と V_2^T に追加される要素は上述の法則と同じように作った．

3. $k = 3$ のとき：$k = 2$ のときと同様である．

このときの具体的な初期値は，$k = 1, 2, 3$ の場合でそれぞれ，

$$U_1 = \begin{pmatrix} 1.73 \\ 1.73 \\ 1.73 \end{pmatrix}, \ V_1^\mathsf{T} = \begin{pmatrix} 2.78 & 1.85 & 0.926 \end{pmatrix} \quad (4.46)$$

$$U_2 = \begin{pmatrix} 1.42 & 1.22 \\ 1.57 & 1.22 \\ 1.77 & 1.22 \end{pmatrix}, \ V_2^\mathsf{T} = \begin{pmatrix} 1.87 & 1.50 & 1.66 \\ 1.73 & 1.41 & 1 \end{pmatrix} \quad (4.47)$$

$$U_3 = \begin{pmatrix} 1.78 & 0.0620 & 1 \\ 0.845 & 1.48 & 1 \\ 1.25 & 1.28 & 1 \end{pmatrix}, \ V_3^\mathsf{T} = \begin{pmatrix} 1.60 & 0.521 & 1.69 \\ 0.962 & 1.76 & 0.509 \\ 1.41 & 1.15 & 0.816 \end{pmatrix}$$
$$(4.48)$$

この初期値が最適であるということはない．撹乱が入った別の初期値を使っても同じ収束値に到達している．例えば，次のような初期値を使うこともできる．

$$U_1 = \begin{pmatrix} 1.73 \\ 1.73 \\ 1.73 \end{pmatrix}, \ V_1^{\mathsf{T}} = \begin{pmatrix} 1.73 & 1.73 & 1.73 \end{pmatrix} \tag{4.49}$$

$$U_2 = \begin{pmatrix} 1.46 & 1.22 \\ 1.62 & 1.22 \\ 1.82 & 1.22 \end{pmatrix}, \ V_2^{\mathsf{T}} = \begin{pmatrix} 1.82 & 1.46 & 1.62 \\ 0.775 & 0.775 & 0.775 \end{pmatrix} \tag{4.50}$$

$$U_3 = \begin{pmatrix} 0.741 & 1.73 & 1 \\ 1.71 & 0.333 & 1 \\ 1.68 & 0.802 & 1 \end{pmatrix}, \ V_3^{\mathsf{T}} = \begin{pmatrix} 1.41 & 1.81 & 1.02 \\ 1.08 & -0.178 & 1.32 \\ 0.463 & 0.463 & 0.463 \end{pmatrix}$$

$$\tag{4.51}$$

完全マトリクスを用いた場合の RMSE の収束

上では，完全マトリクス R の場合について，R を $\hat{U}$ と $\hat{V}^{\mathsf{T}}$ にマトリクス分解して，最大深さ k を小さくすることによって $\hat{U}$, $\hat{V}^{\mathsf{T}}$ を削減した $\hat{U}_k$ と $\hat{V}_k^{\mathsf{T}}$ から $\hat{U}_k\hat{V}_k^{\mathsf{T}}$ を作り，それがもとのマトリクスをどの程度再現しているかを確認するために，繰り返し回数がちょうど 10,000 回のときの値を調べた．ここでは，10,000 回までの繰り返しの途中 t 回目での，RMSE の変化を見てみよう．

図 4.1 に，$k = 1, 2, 3$ の場合の，繰り返し回数 t に対する RMSE の変化を示す．図には，比較のために，特異値分解を用いた場合の RMSE も併記し，見やすくするため横軸は対数目盛にしている．

図から，RMSE は t が増えるにつれて，途中足踏みしている段階が見られるものの，単調に減少している傾向がわかる．また，マトリクス分解の結果は t が増えるにつれて特異値分解の結果に近づいていることもわかる．

不完全マトリクスを用いた場合の RMSE

今，式 (4.21) のマトリクス M に観測値が加わり，N のようになった

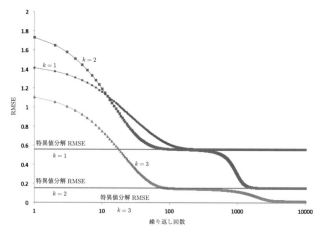

図 4.1 完全マトリクスを用いた場合の RMSE

としよう.

$$N = \begin{pmatrix} 3 & 1 & \boxed{*} \\ 3 & \boxed{*} & 2 \\ \boxed{*} & 3 & 3 \end{pmatrix} \tag{4.52}$$

この N をトレーニングデータ A とテストデータ B に分け,A を用いて $\hat{U}_A$ と $\hat{V}_A$ を作り,$\hat{U}_A \hat{V}_A^{\mathsf{T}}$ によって推定されたマトリクスと観測マトリクス B から作られる RMSE を求めてみよう.A と B に次の 3 つのケースを考える.

$$A_1 = \begin{pmatrix} \boxed{*} & 1 & \boxed{*} \\ 3 & \boxed{*} & 2 \\ \boxed{*} & 3 & 3 \end{pmatrix}, \ B_1 = \begin{pmatrix} 3 & \boxed{*} & \boxed{*} \\ \boxed{*} & \boxed{*} & \boxed{*} \\ \boxed{*} & \boxed{*} & \boxed{*} \end{pmatrix} \tag{4.53}$$

$$A_2 = \begin{pmatrix} 3 & 1 & \boxed{*} \\ 3 & \boxed{*} & \boxed{*} \\ \boxed{*} & 3 & 3 \end{pmatrix}, \ B_2 = \begin{pmatrix} \boxed{*} & \boxed{*} & \boxed{*} \\ \boxed{*} & \boxed{*} & 2 \\ \boxed{*} & \boxed{*} & \boxed{*} \end{pmatrix} \tag{4.54}$$

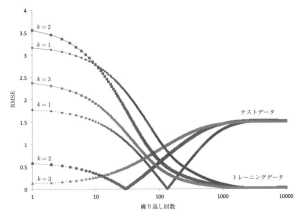

図 4.2 不完全マトリクスを用いた場合の RMSE

$$A_3 = \begin{pmatrix} 3 & 1 & \boxed{*} \\ 3 & \boxed{*} & 2 \\ \boxed{*} & \boxed{*} & 3 \end{pmatrix}, \ B_3 = \begin{pmatrix} \boxed{*} & \boxed{*} & \boxed{*} \\ \boxed{*} & \boxed{*} & \boxed{*} \\ \boxed{*} & 3 & \boxed{*} \end{pmatrix} \quad (4.55)$$

例えば，$k = 1$ の場合，$\hat{U}_A\hat{V}_A^\mathsf{T}$ から推定されたマトリクスは，A_1，A_2，A_3 に対応してそれぞれ次のようになる.

$$A_1 \text{に対応}: \begin{pmatrix} 1.48 & 0.995 & 0.994 \\ 2.98 & 2.01 & 2.00 \\ 4.45 & 2.98 & 2.98 \end{pmatrix}, \quad (4.56)$$

$$A_2 \text{に対応}: \begin{pmatrix} 2.95 & 1.11 & 1.13 \\ 3.00 & 1.13 & 1.15 \\ 7.82 & 2.95 & 3.00 \end{pmatrix}, \quad (4.57)$$

$$A_3 \text{に対応}: \begin{pmatrix} 2.99 & 0.996 & 2.01 \\ 2.98 & 0.994 & 2.01 \\ 4.44 & 1.48 & 2.98 \end{pmatrix} \quad (4.58)$$

これを使って，観測された要素についてのみ，$\hat{U}_A\hat{V}_A^\mathsf{T} - B$ の残差を求めると次のようになる.

$$A_1 \text{に対応}: \begin{pmatrix} -1.52 & \square & \square \\ \square & \square & \square \\ \square & \square & \square \end{pmatrix}, \tag{4.59}$$

$$A_2 \text{に対応}: \begin{pmatrix} \square & \square & \square \\ \square & \square & 0.852 \\ \square & \square & \square \end{pmatrix}, \tag{4.60}$$

$$A_3 \text{に対応}: \begin{pmatrix} \square & \square & \square \\ \square & \square & \square \\ \square & -1.52 & \square \end{pmatrix} \tag{4.61}$$

また，図 4.2（71 ページ）に，不完全マトリクス A_1 を用いたときの，$k = 1, 2, 3$ の場合の，繰り返し回数 t に対する，トレーニングデータでの RMSE（点線）とテストデータでの RMSE（実線）の変化を示す．横軸目盛は対数目盛である．

図から，テストデータでの RMSE は，t が増えるにつれて減少して 0 になりそこからまた増加するように見えるが，これは残差には 1 つの要素しかなく RMSE は常に正の値になっているからである．$t = 10{,}000$ では，残差の絶対値は RMSE に等しくなっている．

A_1，A_2，A_3 を用いて作られたマトリクス $\hat{U}_A \hat{V}_A^\mathsf{T}$ の平均マトリクス $\hat{\mu}(N)$ は，以下のようになる．

$$\hat{\mu}(N) = \begin{pmatrix} 2.47 & 1.03 & 1.38 \\ 2.99 & 1.38 & 1.72 \\ 5.57 & 2.47 & 2.99 \end{pmatrix} \tag{4.62}$$

これから，A_1，A_2，A_3 すべてに共通する要素 $\{N(1,2), N(2,1), N(3,3)\}$ では N を再現していることがわかる．また，N の空欄部分 $\{N(1,3), N(2,2), N(3,1)\}$ の推定値は，

$$N \text{ の空欄部分} = \begin{pmatrix} & & 1.38 \\ & 1.38 & \\ 5.57 & & \end{pmatrix} \tag{4.63}$$

のように求めることができる.

実は,$k = 1$ のとき,$\hat{\mu}(N)$ を近似したマトリクス

$$N' = \begin{pmatrix} 2.4 & 1.1 & 1.4 \\ 2.88 & 1.32 & 1.68 \\ 5.52 & 2.53 & 3.22 \end{pmatrix} \tag{4.64}$$

を満たすような U と V には $U^{\mathsf{T}} = (1, 1.2, 2.3)$,$V^{\mathsf{T}} = (2.4, 1.1, 1.4)$ があり,これを用いると,$\hat{\mu}(N)$ の空欄部分 $\{N(1,3), N(2,2), N(3,1)\}$ の推定値は直感的に合っており納得することができる.

N' を特異値分解すると

$$P = \begin{pmatrix} 0.360 & 0.227 & 0.905 \\ 0.432 & 0.820 & -0.377 \\ 0.827 & -0.526 & -0.197 \end{pmatrix}, \tag{4.65}$$

$$\Sigma = \begin{pmatrix} 8.31 & 0 & 0 \\ 0 & 0 & 0 \\ 0 & 0 & 0 \end{pmatrix}, \tag{4.66}$$

$$Q^{\mathsf{T}} = \begin{pmatrix} 0.803 & -0.435 & 0.407 \\ 0.368 & 0.900 & 0.234 \\ 0.468 & 0.0382 & -0.883 \end{pmatrix} \tag{4.67}$$

となっている.

このときの特異値 8.31 を $8.31 = 2.78 \times 2.99$ と分解し,2.78 を P に,2.99 を Q^{T} にかけて,$k = 1$ のときのマトリクス分解を行えば

$$U_1 = \begin{pmatrix} 1 \\ 1.2 \\ 2.3 \end{pmatrix}, \ V_1^\mathsf{T} = \begin{pmatrix} 2.4 & 1.1 & 1.4 \end{pmatrix} \tag{4.68}$$

となる．したがって，この例の場合のように特異値分解の結果主要な情報が $k=1$ に集中しているとき，$k=1$ を用いてマトリクス分解しても予測はそれほど外れていないだろうということがわかる．

　ここでは，特異値 8.31 を $8.31 = 2.78 \times 2.99$ と分解して N' をマトリクス分解すると直感的に特異値分解の結果に一致するように見えるが，一般的には特異値を分解して P と Q^T に配分する方法はいくらでも可能である．つまり，マトリクス分解によって作られる U と V は，特異値の P と Q^T への振り分け方によっていくらでも作られることがわかる．また，U と V^T そのものについても，U では $m \times k$ 個の，V^T では $k \times n$ 個の未知数が同時に推定されるため，$\boldsymbol{u}_l$ や $\boldsymbol{v}_l^\mathsf{T}$ にも自由度があり一意には定まらない．

　別の言い方をすれば，マトリクス分解によってできた $U = (\boldsymbol{u}_1, \ldots, \boldsymbol{u}_k)$ と $V = (\boldsymbol{v}_1, \ldots, \boldsymbol{v}_k)$ について，k の値に応じた $\boldsymbol{u}_l$ や $\boldsymbol{v}_l^\mathsf{T}$ の大きさの意味合いをそのまま議論するのは難しいことを表している．

　文献については，マトリクス補完の直接法は，[5] や [147] に，潜在因子法を正則化する方法は，[127] にまとめられている．また，総合的にまとめられているのは [4] である．

第 5 章

コンテンツベースと知識ベース

5.1　コンテンツベースシステム

　これまで，最近傍ベース協調フィルタリングとモデルベース協調フィルタリングでは，いずれの方法でも，ユーザーとアイテムから得られる評価マトリクスを用いてマトリクスの空欄を埋めて，予測された評価値が高い評価値のアイテムやユーザーに対して推薦が行われると述べてきた．

　ところが，ユーザーには，ピックアップされたアイテムの評価値以外にも，好みのアイテムを含むようなジャンルを前提としたアイテムを推奨するのも効果的だと考えられる．このような場合，同様のジャンルでのアイテムの属性情報をユーザーの下部に付けておけば，これを参照した推薦が可能になる．このとき，他のユーザーからの類似性は使わず，ユーザー自身の中での類似したアイテムを探すことが求められることになる．これをコンテンツベース (content-based recommender systems) のフィルタリング (filtering) と呼ぶ．つまり，協調コンテンツベースのシステムは主にターゲットユーザー自身の評価とユーザーが好むアイテムの属性に焦点を合わせており，他のユーザーからの参照はほとんどない．過去のデータを参照するのは同じであるとはいえ，最近傍ベースやモデルベースとは参照するデータベースが異なることになる．ただし，最近傍ベースやモデルベースでは，蓄積された過去のデータを用いているため，アイテムが新しい場合，そのアイテムに対する他のユーザーの評価が得られないが，コン

テンツベースでは，新しいアイテムから属性を抽出し，それらを使用して予測できることに注意する必要がある．

　参照データは，アイテムを説明したテキストやユーザープロファイルである．ユーザープロファイルは，アイテムの属性をユーザーの興味（評価）に関連付けるため，大量の属性情報があれば分類や回帰モデルへの適用が可能になり，予測システム構築が可能になる．例えば，テキストによる典型的な属性データ例は Web ページである．そこでは，アイテム属性について，商品を説明するキーワード，メーカー，ジャンルや価格などの関係データベースを構築する材料が得られる．

　まず，アイテムの説明をキーワード（テキスト）のベクトル空間に変換する．次に，アイテムに対するユーザーの関心の度合いを予測するため，アイテムの購入または評価の過去の履歴とユーザーフィードバックをトレーニングデータとして活用し，学習モデルを構築する．フィードバックがカテゴリーであるか数値であるかによって，分類あるいは回帰のモデルになる．この結果のモデルは，ユーザーの関心をアイテムの属性に概念的に関連付けるためユーザープロファイルと呼ばれる．このモデルを用いて，特定のユーザー向けのアイテムに関する推奨予測をリアルタイムで行う．以下では，コンテンツベースのデータの収集，ユーザープロファイルの学習，その推薦システムへの活用について概説する．

5.1.1　データの収集過程

　コンテンツデータとは，例えば，本であれば本の説明，内容，タイトル，著者を説明するキーワードなどが，映画であれば映画の概要，監督，俳優，ジャンルなどの映画の説明などが，Web データであればタイトル，メタデータ，ドキュメントの本文などがそれにあたる．それらに出現する単語は，まとめてベクトル空間表現に変換される．その際，出現頻度も対にして蓄えられる．

　最も有益な単語のみがベクトル空間表現に保持されるように特徴選択と重み付けを行うと効率的になるが，そのとき，逆ドキュメント頻度 [110] の概念を使用する．i 番目のアイテムの逆ドキュメント頻度 id_i は，$\mathrm{id}_i =$

$\log(n/n_i)$ である．ここで，n_i は i 番目のドキュメント数，n はここで関心のあるすべてのドキュメント数である．ただし，あまりにも出現頻度の高いものは有用な情報を与えないので，類似度を計算する前に，$f(x_i) = \sqrt{x_i}$ や $f(x_i) = \log x_i$ のような関数を用いて情報を減衰加工しておく．そうすることで，正規化された i 番目の単語の頻度関数 $h(x_i)$ は，$f(x_i)$ と id_i を掛け合わせた $h(x_i) = f(x_i)\mathrm{id}_i$ で定義されることになる．

特徴選択に最も一般的に使用される尺度の 1 つに Gini インデックス[1]がある．単語 w への Gini インデックス Gini(w) は，評価をつける総数を t とするとき，単語 w に対しての評価への割合を $p_i(w)$, $(i = 1, \ldots, t)$ で表したときに，Gini$(w) = 1 - \sum_i p_i^2(w)$ で表される．また，特徴選択に使用される別の尺度にエントロピーがある．エントロピーは，Gini インデックスの精密化（逆にいえば，Gini インデックスはエントロピーの近似）と考えられるため，Gini インデックスとよく似た値をとる．エントロピー Entropy(w) は，Entropy$(w) = -\sum_i p_i(w)\log(p_i(w))$ で表される．もう 1 つは，χ^2 統計量である．χ^2 統計量は，単語とクラスの間の共起を分割表として扱うことによって計算される．特徴選択の際に特徴の重み付けを行うが，最も簡便な方法は，上述したいずれかの特徴選択の尺度の測定値の逆数を取り，それらを使用して重みを導出する方法である．

5.1.2 モデル学習過程

ここでのモデル学習は，マトリクス分解など，すべてのユーザーに単一のモデルを構築する協調フィルタリングとは異なり，特定のユーザーによってラベル付けされたトレーニングデータセットを使うことができると仮定している．このとき，ユーザー固有のモデルは，ユーザーが購入したアイテムあるいはアイテムへの評価の履歴に基づいて構築される．つまり，ユーザーモデルには，特定のユーザーからのフィードバックが利用される．フィードバックには，ユーザーからの評価値（明示的なフィードバック）や，ユーザーのアクティビティ（暗黙的なフィードバック）があり，

---

[1] 付録 A.2.3 の「決定木」の節を参照されたい．

これらがトレーニングデータとして蓄積され，モデル学習の際に，アイテムの属性と組み合わせて使われる．システムに推薦を求めるユーザーはアクティブユーザーと呼ばれ，トレーニングドキュメントにはこのユーザーからの評価値が含まれ，ユーザープロファイルが形成される．ユーザーがまだ購入や評価はしていないが，推薦される可能性があるアイテムのドキュメントは，テストドキュメントとして用いられる．コンテンツベースでも，協調フィルタリングの場合と同様に，モデルを使用して得られた評価の予測値を直接用いたり，ランク付けされたリストの上位に載るものを間接的に用いたりする．

　ユーザープロファイルモデルの学習には分類と回帰がよく使われている．プロファイルモデルといっても，本質的には，評価がカテゴリーであればテキスト分類の問題と同様に，評価が数値情報として扱われるときには回帰モデリングと同様になるため，テキストドメインでの分類と回帰モデリングの問題の取り扱いと同じになる．そこにはいくつかの一般的な学習方法がある．

　はじめに，最近傍分類は，前に述べたように，最も単純な分類手法の1つである．そこで使われる類似度関数はコサインが典型的である．距離には，データのタイプによって，l_2ノルムが使われたり，l_1ノルムが使われたりする（ノルムについては付録A.1.3を参照）．データ量が多くなり，計算が非常に複雑になれば，計算の効率化を図る必要がある．そこで，計算高速化のために，k-means，ベイズ分類，ルールベースの分類などを用いて，データのクラスタリングを行い，ドキュメントの数を減らしたクラスター内でトレーニング学習を行う．最近傍法では，ユーザーが1つの対象の例をインタラクティブに指定すれば，対象の可能性のある最近傍アイテムはケースベースとして取得され，知識ベースの推薦システムに関連付けられる．

　次に，コンテンツベースでのルールベース分類は，協調フィルタリングのそれと似てはいるが少し異なるところがある．協調フィルタリングのアイテム間ルールでは，ルールの前提と帰結の両方をすべてのアイテムの評価に対応させているが，コンテンツベースのルールでは，ルールの前提は

特定のアイテム自体に対応させている．ルールベース分類では，まず，トレーニングデータセットからの最小限のサポート内で，ユーザープロファイルからすべての関連ルールを決定し，そのルールを適用することでアイテムの説明について得られた平均評価を決定し，それを用いてアイテムのランク付けを行う．ルールベースでは，ルール内にあるキーワードから特定のアイテムが好みである理由を示すことができるので，推薦されるアイテムへの解釈が可能になるという特徴がある．

回帰ベースのモデルでは，線形モデル，ロジスティック回帰モデル，順序付きプロビットモデルなどにも適用可能である．例えば，線形回帰についてのパラメータ推定は付録 A.2.1 に述べられているのでそちらを参照されたい．付録 A.2.3 で説明する決定木も分類器として使われるが，テキストの分類でのパフォーマンスは低いことがあるので工夫が求められる．ロジスティック回帰とプロビット回帰は 2 値ベースに効果を発揮するが，2 値評価の場合はサポートベクターマシンもよく用いられている．サポートベクターマシンはロジスティック回帰と非常によく似ている．違いは，損失がロジット関数を使用するのではなく，ヒンジ損失として定量化されることである．ニューラルネットワークは，複雑なモデルを構築するために使用できるが，データ量が少ない場合にはトレーニングデータに過剰適合する可能性があることに注意が必要である．

5.1.3 コンテンツベースと協調フィルタリング

コンテンツベースを利用する際，協調フィルタリングと比較して，長所と短所がいくつかあげられる．このことを理解してコンテンツベースを用いることが好ましい．

まず，コンテンツベースは特定のユーザー指向であり，そのユーザーから評価されたアイテム情報を利用して推薦を行うため，新しいアイテムが加わってもそれまで蓄積されてきたアイテム情報を利用して推薦を行うことが可能である．一方，特定のユーザー指向ということは，他のユーザーからの情報は得られないため，新しいユーザーへの対応は困難である．つまり，コンテンツベースでは，新しいアイテムに対してのコールドスター

ト問題[2]には対応可能であるが，新しいユーザーに対しては対応できない．一方，協調フィルタリングでは，ユーザーとアイテムのマトリクスに新規ユーザーが加わると新しく予測を行わなければならず，新しいアイテム，新しいユーザーのどちらにもコールドスタートの対応はできない．

　また，コンテンツベースではアイテムに関する説明が提供されるため，推薦された理由付けを確認できる．しかし，コンテンツベースには，過度の専門化（ユーザーがこれまでに見たものと類似したアイテムを見つけやすい）傾向がありノベルティー（新規発見性）やセレンディピティへの期待感は薄いという欠点がある．

　そこで，コンテンツベースから得られるアイテムへの情報を得ながら，過度の専門化を回避できるような，コンテンツベースと協調フィルタリングとがお互いに補完できるようなハイブリッドシステムを構築することも考えられる．このことについては，次章で述べる．

5.2　知識ベースシステム

　めったに購入されず十分な評価が得られない不動産，自動車，高級品，観光などのようなアイテムでは，製品が高度にカスタマイズされており，また，アイテムの内容も複雑であるため，これまで述べてきたような過去の購入履歴や評価値に関する大量のデータを用いることを前提とした協調フィルタリングやコンテンツベースでの推薦作業は困難になってくる．このようなアイテムでは，利用できる情報が少ないために推薦に困難をきたすコールドスタート問題を抱えている．しかし，ユーザーが製品の機能や利用状況などについて，システムとの間でインタラクティブにやりとりしたフィードバック情報（知識ベース）を用いれば推薦が可能となることがある．このシステムを知識ベース (knowledge-based recommender systems) の推薦システムと呼ぶ．

　知識ベースシステムには，制約ベースとケースベースの2つがある．

---

[2]推薦システムでの新規ユーザーや新規アイテムに対しては，利用可能なデータの量が限られているため，利用者の好みを予測することは難しいという問題．

制約ベースシステムでは，ユーザーの希望要件あるいは属性がアイテムの持っている属性に一致するように，アイテム属性に制約条件を与えながらユーザーが目的の結果に到達するまで，インタラクティブにシステムとやりとりするという形式をとる．ケースベースシステムでは，ユーザーが特定のケースをターゲットとして指定すると，システムは類似度を使ってそのターゲットに類似したアイテムを推薦するという形式をとる．いずれの場合も，システム側にはユーザーが指定する要件を変更できるように柔軟性を持たせている．この要件を満たすため，システムは，会話型であったり，事前に一連の質問を準備していたり，ナビゲーションを行ったりして，ユーザーからの要求を汲み取る機能を持っている．

5.2.1 制約ベースシステム

　制約条件を指定することで，求めるアイテムを絞り込んでいくことも，逆に条件を緩和することもできるようにしながら，ユーザーの求めるアイテム条件を，ユーザーが知識を得ながら自分で舵を切っていくという，いわば主体的な要素が入る推薦の仕方 [50] が制約ベースにはある．したがって，システムとユーザーとがやりとりをしながら満足度の高いアイテムへとたどり着くのをシステムが支援していくという形をとる．よく知られている制約ベースの推薦システムには，CWAdvisor[49] システムがある．

　しかし，単にユーザーがシステム側から示されたものの中から探していくのではなく，ユーザー自身も気が付いていなかった属性の条件をシステム側が提示して，ユーザーが本来求めていたものを推薦するという機能を持たせる必要がある．ユーザー指定が得られないときには，システムはデフォルトを用意してユーザーを自然な値に導く．

5.2.2 ケースベースシステム

　ユーザーによって指定されたターゲットが示されると，システムは類似度 [158] を使ってそのターゲットに類似した例を取り上げることができる．つまり，制約条件下でのユーザーの要件を正確に指定することができなくても，システムは，ユーザーのクエリー（問いかけ）に可能な限り類

似しているアイテムを類似度を使って求めることができ，それらをランク
付けできる．ケースベースシステムは，そのようにして適切な解決策が見
つかるまで，ユーザークエリー要件を繰り返し変更しながら提示する．

　ただし，これだけだと提供できるアイテムの選択肢が少なくなるだけな
ので，アイテムを示す際にその属性についてのスペックを緩和できるよ
うにも改善されてきている．つまり，属性を変更するためのガイダンスも
与えられる．これをクリティーク [38] と呼ぶ．このようなクリティーク
を介したインタラクティブなアプローチによって，ユーザー自身の理解
も深まり，ユーザーの求めるアイテムを入手できる可能性が高まること
になる．ユーザーは，クリティークのプロセスを通じて繰り返し変更でき
るターゲットと推薦候補リストを操作できるため，ケースベースではユー
ザーの意識を高めるアシストブラウジングが効果を発揮することになる．

　知識ベースのシステムは主にユーザーの要件に基づいており，限られた
量の履歴データしか組み込まれてはいないが，特定のアイテムへの知識が
蓄積されることでコールドスタートの問題を処理するには効果的である．

　文献については，ケースベースの推薦システムについては [104]，クリ
ティークの問題については [118] がある．ユーザープロファイルを使用し
てパーソナライズされた推薦システムの例については [41] がある．

第 **6** 章

ハイブリッドとアンサンブル

　第3章と第4章で取り扱った，最近傍ベース，モデルベースの協調フィルタリングでは，ユーザーのコミュニティーの評価を活用してアイテムの推薦を行ってきた．第5章では，特定のユーザーのアイテム評価において，アイテムの属性から派生する情報を中心に説明するコンテンツベースの方法を解説してきた．また，コミュニティーの評価やコンテンツの説明ではなく，特定のアイテムの専門的な知識をユーザーに提供することでアイテム購買への意欲を喚起させる知識ベースの方法も説明してきた．つまり，推薦に用いるデータソースの拠り所はそれぞれの方法で異なっているため，それぞれの方法にはさまざまな長所と短所がある．例えば，知識ベースのシステムは評価を必要としないため，コンテンツベースのシステムや協調フィルタリングシステムよりもコールドスタートの問題にはるかに優れた対処ができる．一方で，ユーザーの個性がうかがえる購入履歴データなどの情報を使わないので購入予測精度は高められない．ユーザーの個性が取り込まれていないからである．そこで，さまざまな種類のデータソースをすべて活用できれば，ユーザーの個性を配慮し，また専門的な知識も付加された，3つのシステムの長所を合わせ持つような推薦システムが構築できる可能性がある．このように，異なった推薦システムのアルゴリズムを同時に活用するシステムとして，ハイブリッドシステム (hybrid recommender systems) が提案されている．

　ハイブリッド推薦システムには，アンサンブル法，モノリシック法

[81]，混合システム [154] の 3 つがある.

1）**アンサンブル法**：協調フィルタリングでのあるアルゴリズムとコンテンツベースのあるアルゴリズムを組み合わせるなど，すでに提案されているいくつかのアルゴリズムを組み合わせて 1 つの結果を出す方法である．この方法は，機械学習でクラスタリング，分類などで使われているものと同様である．

2）**モノリシック法**：アンサンブルのように既成の方法をそのままブラックボックスのように組み合わせるのではなく，それぞれのアルゴリズムを部分的に使いながら全体的に統一した 1 つのアルゴリズム体型に仕上げる方法論である．したがって，この方法ではさまざまなデータソースをより緊密に統合する必要がある．

3）**混合システム**：アンサンブルと同様に複数の推奨アルゴリズムをブラックボックスとして使用するが，出力は 1 つではなく，さまざまなシステムによって推奨されるアイテムが並べて提供される．つまり，アイテムの組み合わせになっている．

　ハイブリッド推薦システムは通常，コンテンツベースや知識ベースなど，異なるタイプの推薦システムを組み合わせているが，これは同じタイプ内のモデルを組み合わせることも可能である．例えば，コンテンツベースのモデルは本質的にテキスト分類器のモデルなので，分類精度を向上させるためにコンテンツベース内でアンサンブル法を使うことができる．また，最近傍やモデルベース協調フィルタリングでも同様に用いることができる．実際，同じタイプの推薦システム内で，手法 A を使った予測法による予測精度が a で，手法 B を使った予測法による予測精度が b であるとき，A を α の割合で，B を $1-\alpha$ の割合で組み合わせたときの予測精度は，a と b の間にあるのではなく，a よりも良く，また b よりも良くなることが期待できる．

　実際に，このようなことが起こる例を，第 8 章で Netflix を例に挙げて説明する．アンサンブル法を使うメリットは，このような場合でも出てくる．

　ところで，学習アルゴリズムを向上させて予測精度を上げるために，データ分類の分野ではアンサンブル手法がよく用いられている．一般に，予測誤差は，バイアスと分散と確率的変動の和であるため，予測誤差を減らすためにはこれらの要素のいくつかを減らす必要がある．確率的変動はどのようにしても減らせない誤差であるが，前者2つはアルゴリズム設計によって減らすことが可能である．では，アンサンブル手法はこの誤差削減に寄与しているのだろうか．前提とするモデルそのものが現実のものとずれていた場合，予測バイアスが起こる．また，トレーニングデータはランダムに選択されるため，テストデータによって予測のばらつきが生じてしまう．これは分散にあたる．データ分類の分野で用いられる，バギングなどの分類アンサンブル手法は分散を減らすことができ，ブースティングなどの手法はバイアスを減らすことができる．推薦システムと統計的な分類や回帰とは同一視できるところがあったため，分類や回帰の分野で効果的な手法は，協調フィルタリングなどでも有効になると考えられる．これが，アンサンブル手法を推薦システムに用いる理由である．

　ハイブリッド推薦システムは次のカテゴリーに分類できる [33].

　1) **重み付き線形結合**：個々のアンサンブルコンポーネントからのスコアに重みをつけ，重み付き集計を行って1つの統合スコアを出力する．重み付けの方法は，ヒューリスティックである場合もあれば，統計モデルを使用する場合もあり，さまざまである．

　2) **スイッチング**：推薦システムで現在何を行おうとしているか，そのときのニーズに応じてさまざまなシステムに切り替える方法である．例えば，初期のフェーズでは，コールドスタートの問題を回避できる知識ベースの推薦システムを使用し，後のフェーズでは，多くの評価結果が利用可能になるコンテンツベースや協調フィルタリングの推薦システムを使用するというようなことができる．特定の時点で最も正確な推薦アイテムを，その場に応じて提供できるアルゴリズムが作れれば，システムはアダプティブシステムとして機能する．

　3) **カスケード**：ある推薦システムによって提供された推薦内容を，次

の推薦システムに引き渡せば，推薦内容が改良されることが期待できるかもしれない．ブースティングのように，一般化されたカスケード形式では，1つの推薦システムでのトレーニングプロセスが次のシステムにバイアスを与える働きをし，出力結果は引き継いだシステムによって改善され，全体的には結果として1つの出力を引き出していく．

4）**特徴の増強**：カスケードシステムでは，前のシステムの推薦内容を次々に改良していくので，1つの推薦システムの出力は次の入力を作成するために使用されている．特徴増強のアプローチは，これとは異なり，次のシステムへの入力を推薦内容ではなく特徴を取り扱う．直感的には，分類で使用されるスタッキングの概念と類似している．このアプローチは，モノリシックな方法ではなく，アンサンブル的な方法になる．

5）**特徴の組み合わせ**：さまざまなデータソースの特徴が組み合わされた上で，単一の推薦システムとして使用される．このアプローチはモノリシックシステムな方法とみなすことができるため，アンサンブル手法ではない．

6）**メタレベル**：ある推薦システムで使用されるモデルが，別のシステムへの入力として使用される．典型的な組み合わせは，コンテンツベースシステムが協調フィルタリングシステムに組み合わされた形である．協調フィルタリングシステムはコンテンツでの特徴を使用してピアグループ[1]を決定するように変更される．ここでは，ピアグループを見つけるためにコンテンツマトリクスが利用できるよう協調フィルタリングシステムを変更する必要があり，既成の方法をそのまま使用，あるいは組み合わせることができないため，メタレベルのアプローチは，アンサンブルシステムではなくモノリシックシステムとなる．これらは，コラボレーション情報とコンテンツ情報を組み合わせる方法から「コンテンツを介したコラボレーション」とも呼ばれている．

7）**混合**：複数のコンポーネントからの推薦内容がユーザーへ同時に提示されるだけのものであり，それぞれのコンポーネントからのスコアを明示的に組み合わせて使わないため，アンサンブルシステムではない．こ

---

[1]似たものを好む同類集団．

のアプローチは，複数のアイテムを関連するセットとして推薦する場合に
使用される．この混合推薦システムは，個々のコンポーネントからの推薦
アイテムをブラックボックスとして使いながらアイテムを個々に推薦す
ることはあっても，それらの予測評価を組み合わせることはない．したが
って，モノリシックまたはアンサンブルベースの方法とみなすことはでき
ず，独自の別個のカテゴリーに分類される．

6.1 重み付き線形結合ハイブリッド

　いくつかのモデルで予測されたものに重みを付けて線形結合してハイブ
リッドにしたものである．これだけではわかりにくいので具体的に数式を
使って説明しよう．

　$P = (p_{ij})$ を，観測値が部分的に埋められた $m \times n$ の不完全マトリク
スとする．これまで，1 つのモデルを用いて，P の空欄（欠測部分）を観
測値を使って完全マトリクス $\hat{R} = (\hat{r}_{ij})$ を作成し，空欄の予測をしてい
た．今，欠測部分を予測するためのモデルが s 個あったとして，それぞれ
のモデルから個別に予測されたマトリクスを $\hat{R}^{(l)}, (l = 1, \ldots, s)$ としよ
う．また，$\hat{R}^{(l)} = (\hat{r}_{ij}^{(l)})$ とする．このとき，

$$\hat{R} = \sum_{l=1}^{s} \alpha_l \hat{R}^{(l)}, \quad (\alpha_l > 0, \sum_{l=1}^{s} \alpha_l = 1) \tag{6.1}$$

が，重み付き線形結合ハイブリッドマトリクスである．マトリクスの要素
ごとには，

$$\hat{r}_{ij} = \sum_{l=1}^{s} \alpha_l \hat{r}_{ij}^{(l)} \tag{6.2}$$

である．この α_l が重みであり，これをいろいろ変えることによって，P
と $\hat{R}$ との残差の 2 乗和の最小化を図って最適なハイブリッドモデルを作
ろうということである．

　最も単純なハイブリッドモデルは 2 つのモデルの結合であり，α を 0

から1まで動かしたときに残差の2乗和が最小になる α を使ったモデル化を最適モデルとすればよい．このようなハイブリッドモデルによって予測精度が上がる理由は次のことを考えればすぐに理解できる．例えば，マトリクス P には2つだけの空欄があり，A のモデルでの残差はそれぞれ 1 と -1，B のモデルでの残差はそれぞれ -1 と 1 であったとしよう．このとき，A，B のモデルでの残差の2乗和はどちらも2であるが，A と B の予測値 $\hat{r}$ を 0.5 倍して2つを加えたときの残差は0となり，ハイブリッドモデルでの予測誤差は A，B の予測誤差よりも小さくなる．

　ところで，モデルの数が3以上になったときに α を求めるにはどのようにしたらよいだろうか．今やろうとしていることは，

　1）まず，マトリクス内で値が既知である要素のいくつかを使って，それぞれのアルゴリズムによって予測モデルを作る．このとき，データはすべて共通したデータを使う．

　2）それぞれのモデルで，モデル化に使わなかった要素（テストデータ）を用いて予測した $\hat{R}^{(l)}$ を式 (6.1) に代入することよって $\hat{R}$ を求め，残差の2乗和を計算する．

　3）この残差の2乗和を最小化できるように，ベクトル $\boldsymbol{\alpha} = (\alpha_1, \ldots, \alpha_s)^\mathsf{T}$ を見つける．

　ということになる．残差の2乗和の平均を MSE とすると，MSE が最小になるように $\boldsymbol{\alpha}$ を探すということになる．MSE は

$$\frac{1}{|T|} \sum_{ij} (p_{ij} - \hat{r}_{ij})^2 = \frac{1}{|T|} \sum_{ij} \left(\sum_l \alpha_l (p_{ij} - \hat{r}_{ij}^{(l)}) \right)^2 \tag{6.3}$$

である．ここに，$|T|$ は，予測に使うテストデータの総数である．

　これは，未知数が s 個あるときの最適化問題であるが，

$$p = \alpha_1 r^{(1)} + \cdots + \alpha_s r^{(s)} + \varepsilon \tag{6.4}$$

のように見方を変えると，次のような線形回帰問題 [94, 163] とみなすことができる．線形回帰問題では，説明変数を X，目的変数を $\boldsymbol{y}$，説明変数と目的変数の間に $\boldsymbol{y} \sim X\boldsymbol{\beta}$ の関係が成り立つと仮定したとき，未知パ

ラメータ $\boldsymbol{\beta}$ は,

$$\hat{\boldsymbol{\beta}} = (XX^{\mathsf{T}})^{-1}X^{\mathsf{T}}\boldsymbol{y} \tag{6.5}$$

によって求められた. そこで, X, $\boldsymbol{\beta}$, $\boldsymbol{y}$ を

$$X = \begin{pmatrix} \hat{r}_1^{(1)} & \hat{r}_1^{(2)} & \cdots & \hat{r}_1^{(s)} \\ \hat{r}_2^{(1)} & \hat{r}_2^{(2)} & \cdots & \hat{r}_2^{(s)} \\ \vdots & \vdots & \ddots & \vdots \\ \hat{r}_q^{(1)} & \hat{r}_q^{(2)} & \cdots & \hat{r}_q^{(s)} \end{pmatrix}, \boldsymbol{\beta} = \begin{pmatrix} \alpha_1 \\ \alpha_2 \\ \vdots \\ \alpha_s \end{pmatrix}, \boldsymbol{y} = \begin{pmatrix} p_1 \\ p_2 \\ \vdots \\ p_q \end{pmatrix} \tag{6.6}$$

のように置き換えて考えると線形回帰問題になっていることがわかる. ただし, 切片は 0 である. ここで, $p_1, \ldots, p_q$, $\hat{r}_1^{(l)}, \ldots, \hat{r}_q^{(l)}$ は, それぞれ, p_{ij}, $\hat{r}_{ij}^{(l)}$ の要素のすべてを並べ替えたものになっている. したがって, q は予測に使うテストデータの総数である.

このようにして, 線形回帰を用いて重み $\hat{\alpha}$ が求められると, 個々のコンポーネントモデル l には, 今度は観測データの一部を使ったテストデータではなく, トレーニングセット全体で再び推定作業が行われ, 先に回帰によって求められた重みは, それぞれのモデルと組み合わされて使用される. 評価に利用可能なすべての情報から最大の学習効果が確実に得られるようにするためには, この最後のステップを行うことが重要である.

回帰には, 外れ値などに影響を受けやすいというような弱点がある. そこで, 残差の 2 乗和 (つまり l_2 ノルム) ではなく, 残差の絶対値の和 (つまり l_1 ノルム) を使うとパラメータ推定は頑健になることが知られている. MSE ではなく平均絶対誤差 (MAE, mean absolute error) である. このときの最適化には, 微分などの解析的な方法は使えないので, 勾配法が用いられる. 正則化法を用いるようになれば, ラッソー (lasso) を行っていることになる.

6.2 スイッチングハイブリッドとカスケードハイブリッド

ユーザーの利用状況, あるいは利用時期によって, 推薦が有効に働くア

ルゴリズムとそうでないアルゴリズムがある．例えば，推薦システムを使いはじめた新規のユーザーには過去の購入履歴がないため，協調フィルタリングを行うにはデータが少なくコールドスタートには不向きである．しかし，知識ベースではユーザー自身というより，関心のあるアイテムに関連する知識によって推薦を行うことが可能になるので，こちらはコールドスタートが可能になる．そこで，ユーザーが推薦システムを使いはじめた初期での推薦モデルと，データが出揃ってきた時期でのモデルとを使い分けていくこともできる．これがスイッチングハイブリッド [33] であり，モデル選択の1つとも考えられる．通常，知識ベースからコンテンツベースへ，そして協調フィルタリングへと変わっていく．

　どのモデルが有効に働くかを判断する際には，観測データをトレーニングとテストに分けてトレーニングでモデルを構築し，テストで有効性を確認する．このとき，モデルの候補がいくつかあれば，それらすべてについてこの有効性を確認することになる．

　これに対して，カスケードハイブリッド [33] は，最初に粗い推薦アイテム候補を出しておき，次のモデルではさらにこれから厳選していく，ということを繰り返していく方法である．カスケードハイブリッドには，分類や回帰で用いられてきたアンサンブル法（ブースティングやバギング）を適用することが可能である．

　ブースティング [53, 54, 18] は，トレーニングデータに重みを付け，重みを変えることで複数のモデルを作りパフォーマンスをチェックする．予測間違いの方向に働きやすいトレーニングデータにはこの重みを重くし，うまく予測できるトレーニングデータには重みを小さくしていく．また，この一連のプロセスをテストデータにも試していく．こうすることで，予測は改善されていく．

　バギング [27] は，トレーニングデータの中からブートストラップ法により（重複を認めて）リサンプリングを行い，新しいトレーニングデータをいくつか生成する．複数の予測結果を用いて，平均や多数決を使ってすべての出力をまとめた上で最終的な学習結果を出力する方法である．ただし，協調フィルタリングなどの推薦システムでは，すべてのトレーニング

ではなく，代わりに行ごとに重複を許すブートストラップを行う．あるい
は，重複を許さず行ごとにサブサンプリングを行う．バギングはマトリク
ス分解法には効果があるようである．

6.3 特徴増強ハイブリッドと混合ハイブリッド

　例えば，図書の推薦の場合 [122]，協調フィルタリングを利用して推薦
されたアイテムの「関連著者」と「関連タイトル」をアイテムを説明する
特徴として使用し，これが，コンテンツベースの推薦アルゴリズムと組み
合わされて使用され，最終的な予測が行われるシステムであれば，特徴増
強ハイブリッドになる．先にコンテンツベースを使用して，次に協調フィ
ルタリングを利用する方法もあり，これも特徴増強ハイブリッドである．
コンテンツベースのシステムを使用すると，評価マトリクスでデータが欠
落している部分が推定されて埋められ，疑似評価と呼ばれる密な評価マト
リクスが形成される．あるいは，初期の特徴増強では，知識ベースのシス
テムを使用して人工的な評価のデータベースを作成することも行われてい
る．

　例えば，観光推薦システムの場合 [175, 176]，観光客は通常，旅行を計
画するために宿泊施設，レジャーアクティビティ，航空券などを一括して
購入することがある．最適な宿泊施設を推薦するアルゴリズムや方法，最
適なレジャーアクティビティを推薦するアルゴリズムや方法，最適な航空
券を推薦するアルゴリズムや方法が独立して実行された場合，1つの旅行
での最適性にかなっているかどうかはわからない．そこで，これらをうま
く結びつけられるような組み合わせを形成するために，選択できる範囲に
制約を入れた知識ベースを組み合わせに入れることで，例えば，快適な宿
泊施設に泊まり，最高ではあるがかなり遠方のレジャー施設に足を運ぶと
いうような矛盾した推薦をしないように，適切に商品推薦を行うことがで
きる．このようなハイブリッド法は混合ハイブリッドと呼ばれる．

第 7 章

その他の方法

7.1 推薦システムへの攻撃

推薦システムが攻撃を受けるというのは，推薦システムが正しく機能しなくなるような意図的な入力が推薦システムに働きかけられるということである．これに対処するシステムが攻撃防御システム (attack-resistant recommender systems) である．攻撃には2種類あり，1つは，プッシュ攻撃とも呼ばれるもので，偽のユーザーを作り，そのユーザーに特定のアイテムを故意に推奨させる場合である．もう1つは，その逆で，ヌーク攻撃[1]とも呼ばれるもので，特定のアイテムに対して悪意のある評価を入力させ，アイテムの評価を下げる場合である．どちらもステルスマーケティングの類であるこのような攻撃によって，推薦システムの信頼性がどの程度ゆらぐのか，事前に知っておくことは重要である．攻撃側にも，同じように，推薦システム内部の評価分布の知識などを用いることで攻撃の効果が高められるため，攻撃を行うために必要な知識の量と攻撃の効率の間にはトレードオフが存在する．

単一のアイテムに対して偽のプロファイルを作成して攻撃するタイプは，非常に稚拙なため検出はたやすく，有効な攻撃にはならない．最近傍ベースの協調フィルタリングを用いる場合，特定のアイテムが突出して

---

[1]ヌーク攻撃 (nuke attack) は排除攻撃とも呼ばれる.

もユーザー間の近傍性に大きな変化はないため，最近傍に選ばれるか選ばれないかの影響は受けにくい．たとえ多数の偽のユーザーが注入された場合でも，特定のアイテム評価の注入であれば，予測された評価に影響を与えることが難しいため特に効率的ではない．対象とするアイテム以外のアイテムにもランダムな評価を追加する攻撃になると，検出可能性が下がる方向に働くが，多数のプロファイルが必要になるため，この手の攻撃は非効率的になる．それでも，ランダムに挿入された評価ではターゲットユーザー近傍にはなりにくく，攻撃効果を上げるためには，偽のプロファイルがターゲットユーザーの近くにあることが重要になってくる．つまり，評価分布について知識を持っていることが攻撃に有効になる．これがトレードオフである．協調フィルタリングアルゴリズムに関しての攻撃モデル回避については [114] に見られる．

さて，攻撃をかわすには攻撃を検出できればよい．これが可能になると偽のプロファイルを削除することができる．しかし，攻撃のためのプロファイルとそうでないプロファイルを区別する際に間違いも起こる可能性がある．そこで，偽のプロファイルの削除によって生じる精度 (precision) (あるいは適合度) と再現率 (recall) (あるいは感度, sensitivity) の自然なトレードオフを利用して，受信者動作特性 (ROC, receiver operating characteristic) 曲線[2]を使って検出を行う試みもある [4]．この曲線は，真陽性率 (TPR, true positive rate) と偽陽性率 (FPR, false positive rate) から形成される．あるいは，プロファイル除去によって推薦システム精度への影響を測定することもできる．それは，例えば，プロファイル除去前後での平均絶対誤差 (MAE) を比較することで可能になる．また，プロファイルは個別でもグループでも削除できる．

7.2 多腕バンディットアルゴリズム

バンディット [195] の名前はカジノのスロットマシンに由来している．

---

[2]付録 A.2.3 の「ROC 曲線，感度，特異度など」を参照されたい．

ここで，カジノに置かれた多数のスロットマシン（これらは全部同じように
には調整されていないと仮定しておく）の中で，どのスロットマシンがギ
ャンブラーにより大きな利益をもたらしてくれるかということを考える．
バンディット問題は，限られた試行回数において得られる総報酬を最大
化したいという問題になる．それぞれのスロットマシンのペイオフ[3]は，
スロットマシンのアームを試しに引いてみることで調べられる．これを，
探索と呼ぶ．この結果を利用して最大の報酬を得ようとすることを活用
と呼ぶ．ここで，得られる報酬に対して，探索と活用の関係はトレード
オフの関係になっている．多腕バンディットアルゴリズム (multi-armed
bandit algorithm) とは，探索と活用の総回数を少なくして高い報酬を得
るにはどうすればよいかということになる．

　推薦システムの中のデータベースに新しいアイテムが登場すると，推薦
システムには，さっそくコールドスタートの問題が発生する．あるいは，
さまざまな推薦システムアルゴリズムの有効性が時間とともに変化する可
能性がある．そのとき，新しいデータがデータベースに加わることを考慮
したアプローチが重要になってくる．つまり，未知のアイテムが加わって
状況が変わっていくときにも対応できるようなアルゴリズムが望まれる．
このとき，多腕バンディットアルゴリズム [98] が活きてくることが考え
られる．例えば Web ページの推薦を例にとると，ユーザーが推薦ページ
のリンクをクリックしたとき，推薦システムは推奨の成功への報酬を受け
取りことにつながり，これはページ選択をスロットマシン選択とみなすこ
とができる．

　最も単純な選定アルゴリズムは，すべてのマシンに一定数の試行を行
い，その中で最も高いペイオフを示したマシンが選択され，その後もその
マシンを使用し続けるというものである．ただ，試行によってあるマシン
が一番優れていると判断できる回数を求めるのは困難である．また，最終
的に間違った戦略が選択され，同じマシンを永久に使用する可能性もあ
り，これは非現実的な方法である．

---

[3]ペイオフ (pay off) はマシンから得られる利得，報酬のことを指す．

　一方，試行の一定の割合（ε とする．例えば 10%）ではスロットマシン
をランダムに選択させて探索を行い，残りは，それまでの報酬の平均が
最大のものを活用するというものである．つまり，確率 ε で探索を，確率
$1 - \varepsilon$ で活用を実行するというものである．これを，ε 貪欲アルゴリズム
(ε-greedy) と呼ぶ．この方法の利点は，間違った戦略に永遠に閉じ込め
られないことが保証されることである．

　それでも効率はあまりよくないので，マシンのペイオフを統計的に調
べ，ペイオフの統計的な上限を設定した上で探索と活用を行う方法があ
る．これを上限戦略 (UCB, upper confidence bounding method) と呼ぶ
[98]．これは，Chernoff-Hoeffding の不等式より得られた境界条件に基づ
いたもので，行動信頼度の上界を求めることでこの選択基準を更新してい
き，UCB が最大となるマシンを選ぶというものである．

　さらに効果的な方法は，トンプソンサンプリング (Thompson sam-
pling) と呼ばれているもので，ベイズ統計を使う．マシンアームを引い
た結果から，アームごとの成功確率の事後確率分布を計算し，その事後確
率分布に従う乱数をアームごとに生成して最も効果的なアームを選択する
方法である．2 項確率の場合，対応するベイズモデルはベータ分布になる
のでこれを用いた文献が [37] に見られる．

　一方，広告の推薦アルゴリズムでは，Web ページがクリックされる確
率はユーザーの属性やクリックする時間帯によって異なるという問題点が
ある．そこで，文脈付き多腕バンディット問題 (contextual multi-armed
bandit) というモデルや，非定常多腕バンディット問題 (non-stationary
multi-armed bandit)[59] というモデルが提案されている．

　このほか，推薦システムのバンディットアルゴリズムについては，[29]
でも説明されている．

7.3　多基準システム

　アイテムに対して総合的な評価を決定するのではなく，さまざまな基
準に基づいて評価を下す場合がある．例えば，CD やストリーミング配信

音楽では，作曲家，演奏家，録音状態など，ユーザーによって評価の基準が異なることがある．また，車では，パフォーマンス，インテリアデザイン，豪華なオプション，ナビゲーションなど，複数の基準がある．このようなとき，さまざまな基準からの予測を統合することにより，アイテムを直接ランク付けできる．これを多基準推薦システム (multi-criteria recommender systems) と呼ぶが，これは，比較的複雑なドメイン向けに設計された知識ベースシステムに固有のものになっている．

　最近傍ベースの方法は，類似度に複数の基準を組み込むことは簡単なため，多基準システムへの拡張は簡単である．それは，ユーザーベース，アイテムベースの協調フィルタリングの両方に適用可能である．また，さまざまな方法をアンサンブルにした方法 [2] も可能である．

第 **8** 章

推薦システムの応用例

　ここでは，これまでに述べてきた推薦システムのアルゴリズムを，1) 直接映画推薦に適用した Netflix Prize コンテスト，2) 回帰，IRT，時系列解析などに間接的に利用した例を紹介しながら，推薦システムのアルゴリズムを再確認し，またその適用性の高さについて述べてみたい．

8.1　Netflix Prize コンテスト

　2006 年 10 月，Netflix Prize コンテストがアナウンスされた．このコンテストは，当時の映画やテレビ番組の DVD レンタル会社である Netflix 社によって開催され，Netflix 社で映画のユーザー評価を予測してきた Cinematch というアルゴリズムのパフォーマンスに対して 10% の改善を達成したエントリーに賞が与えられるというものであった．さらに，驚くべきことに最優秀賞には $1,000,000 という破格の賞金が与えられた．Netflix 社はその後成長し，現在はストリーミング配信も行っている．

　この Netflix Prize コンテストは世界の研究者の注目を浴び，多くの研究者がこの問題に取り組んだ．5 万人以上が参加し，5,000 を超えるチームがソリューションを提出したといわれている．その結果，この分野の研究が格段に進み，推薦システムの知名度も上がるようになった．そういう意味で，Netflix 社がこのコンテストを企画した意義は大変大きい．

　提案された多くの解法の中でも正確な予測法としてあげられたのは，主

成分分析，カーネルリッジ回帰，マトリクス分解，制限付きボルツマンマ
シン，最近傍法などであるが，これらの中でもマトリクス分解が基本的に
は最も良い予測精度を示していた．最終的には，単独のアルゴリズムを使
うのではなく，好ましい予測法を組み合わせたアンサンブル法が最優秀賞
を勝ちとることになった．優勝チームは，多数の予測子を2段階で統合
したアンサンブル法を用いて最終的な予測モデルを構築している．

　大成功を納めた Netflix Prize コンテストであるが，データからのプラ
イバシー情報の漏えいの危険性があることが報告されたため，予定されて
いた2回目のコンテストは中止となった．

　ここでは，ユーザーベース，アイテムベース協調フィルタリング，モデ
ルベースとしてのマトリクス分解法，アンサンブル法などを用いて，推薦
システムの予測精度を高くしていく過程について，この Netflix Prize コ
ンテストに研究室で挑戦した当時の例を使いながら紹介する [186, 187].
したがって，最も良い予測精度を出すアルゴリズムを1つ紹介するとい
うよりも，本書で取り扱ったさまざまな取り組みについて再確認してい
く．

8.1.1 データ

　はじめに，Netflix 社からはフルトレーニングデータとクォリファイ
データが提供された．フルトレーニングデータには，480,189 人のユー
ザーが 17,770 本の映画に付けた 100,480,507 件の評価が含まれている．
このことから，ユーザーと映画から構成されるマトリクスはスパースで
あることがわかる．$100,480,507/(480,189 \times 17,770) = 0.0118$ なので，全
要素のわずか 1% にしか評価結果がなく，残りは空欄だからである．Net-
flix 社から提供された映画評価値マトリクスの一部を図 8.1 に示す．

　フルトレーニングデータには，1,408,395 個の評価を含む小さなプロー
ブと呼ばれるデータが含まれている．プローブは，残りのトレーニング
データよりも新しい評価に基づいているため，評価が空欄になっているマ
トリクス要素と類似していると考えられる．データセットの残りの部分に

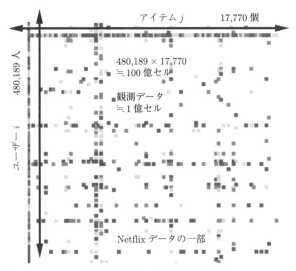

図 8.1 Netflix 社から提供された映画評価値マトリクスの一部

は，クォリファイデータ[1]と呼ばれる，2,817,131 個を超えるトリプレット（ユーザー，映画，評価をつけた日付）の形式のデータが含まれているが，実際の評価値は含まれていない．審査員だけが知っている．

競技者はトレーニングデータをもとにモデルを作成し，審査員はクォリファイデータで映画評価を予測する．この予測結果は審査員（または同等の自動システム）によって採点され，クォリファイデータの半分を使った予測結果が Web に提示されるリーダーボード上で（継続的に）通知される．これはクイズセットと呼ばれていた．残りの半分は，最終スコアを計算し，受賞者を決定するためのテストデータとして使用され，そのスコアは競技者には公開されない．また，どのトリプレットがクイズセットに属し，どのトリプレットがテストセットに属しているか，競技者には明らかにされなかった．理由は，ユーザーがリーダーボードのスコアを利用して

---

[1] 予選のための検証データである．クォリファイという名前は，アメリカの大学院の博士課程での中間期には，博士として適格者であるかどうかを確認する厳格なクォリファイテストというのがあり，それに相当するようなテストとして名付けられたようにも思われるが，正確なところはわからない．

表 8.1 Netflix データ

データ名	評価データ数	顧客数	映画数
フルトレーニング	100,480,507	480,189	17,770
トレーニング	99,072,112	480,189	17,770
プローブ	1,408,395	462,858	16,938
クォリファイ	2,817,131	478,615	17,470

アルゴリズムをテストセットに過剰適合させないようにするためと思われる．データに対する Netflix 社のこのような厳密な取り扱いは，推薦アルゴリズムを適切に評価するための優れた設計例となっている．

　表 8.1 にデータ数を示す．表では，すべてのトレーニングデータ（フルトレーニング）がトレーニングとプローブであることが示されている．また，クイズとテストについての構成情報はない．

8.1.2　解析結果の一例

　ここでは，Netflix データを，いくつかの方法によって解析した具体的な例を示しながら，どの方法が Netflix データには効果的であったかを調べてみよう．

　評価には RMSE を用いる．これは，

$$\text{RMSE}(T) = \sqrt{\frac{1}{|T|} \sum_{i,j} I(i,j)(\hat{x}(i,j) - x(i,j))^2}, \left(|T| = \sum_{i,j} I(i,j) \right) \tag{8.1}$$

で表されるもので予測誤差になる．ここに，$|T|$ は，トレーニングデータの場合とテストデータの場合それぞれで，評価値の入った要素数を表している．

$$I(i,j) = \begin{cases} 1, & x(i,j) \in \{1,2,3,4,5\}, \\ 0, & x(i,j) \text{ は空欄} \end{cases} \tag{8.2}$$

また，提案法が Netflix 社のアルゴリズム Cinematch に対してどの程

度改善されたかという度合いを表す riC に, 次の式

$$\text{riC} = \frac{\text{RMSE}_{\text{Cinematch}} - \text{RMSE}_{\text{提案法}}}{\text{RMSE}_{\text{Cinematch}}} \tag{8.3}$$

を用いている. $\text{RMSE}_{\text{提案法}}$ は提案されたアルゴリズムで計算した RMSE の値, $\text{RMSE}_{\text{Cinematch}}$ は Netflix 社のアルゴリズム Cinematch での RMSE の値である. 挑戦者が自分のアルゴリズムでの RMSE をリーダーボードで確認できるクイズセットによる $\text{RMSE}_{\text{CinematchQuiz}}$ の値は 0.9514 で, 挑戦者がリーダーボードで確認できず, Netflix 社が確認するテストセットによる $\text{RMSE}_{\text{CinematchTest}}$ の値は 0.9525 であった. ここでは, リーダーボードで確認できたクイズセットによる $\text{RMSE}_{\text{CinematchQuiz}}$ の値を改善指標にとっている.

最も単純な平均をあてはめる方法

まず, 空欄に平均をあてはめてみたらどうなるかを次の 3 つの最も単純な方法でどの程度の RMSE になっているかを調べてみた.

1) μ を $x(i,j),\, (I(i,j) \neq 0)$ のすべての平均としたとき,
   空欄 $\hat{x}(i,j) \leftarrow \mu$
2) μ_i を $x(i,j), (i : 固定)$ のすべての平均としたとき,
   空欄 $\hat{x}(i,j) \leftarrow \mu_i$
3) μ_j を $x(i,j), (j : 固定)$ のすべての平均の平均としたとき,
   空欄 $\hat{x}(i,j) \leftarrow \mu_j$

のようにしてこれらを求め, それを表 8.2 に表してみた. どれも Cinematch よりもかなり落ちる RMSE になっている.

このほか, 加重平均を用いた協調フィルタリングなどの古典的な方法では Cinematch の RMSE を 5% も改善できなかった.

k 最近傍を用いた方法

協調フィルタリングへの最も一般的なアプローチは, 最近傍を使ったア

表 **8.2**　単純な方法による RMSE

	RMSE	riC (%)
μ	1.1312	-18.9
μ_i	1.0655	-12.0
μ_j	1.0536	-10.7
Cinematch	0.9514	0

クォリファイのクイズセットを用いた予測誤差

プローチ [19, 20, 91, 107] だと考えられる. k 最近傍法には 2 種類のアプローチがある. 1 つはユーザー指向のアプローチで, もう 1 つはアイテム指向のアプローチである. ここではアイテム指向のアプローチを使用する. その理由は, 1) トレーニングセットで平均的な映画が 5,000 人を超えるユーザーによって評価され, 平均的なユーザーが 200 を超える映画を評価している, 2) ユーザーアイテムマトリクスの圧倒的な部分 (99%) は不明である, 3) 観測データのパターンはランダムではない可能性があるからである. Sarwar ら [146] は, アイテム指向のアプローチはより効率的な計算を可能にしながら, ユーザー指向のアプローチよりも優れた予測精度を提供することを見出している.

相関係数の利用

m ユーザーと n アイテムに対しての評価が $m \times n$ マトリクス $X = (x(i,j))$, $(1 \le i \le m, 1 \le j \le n)$ に与えられていると仮定する. 今, 評価が与えられていない未知の $x(i,j)$ を推定するために, 他のユーザーがアイテム j の評価と同様な評価を行う傾向がある近傍アイテム $N(j;i)$ のセットを特定しよう. ここで, $N(j;i)$ 内のすべてのアイテムはユーザー i によって評価されている必要がある. $x(i,j)$ の推定値 $\hat{x}(i,j)$ は, そのように隣接するアイテムの評価の加重平均として取得されると仮定する.

$$\hat{x}(i,j) = \frac{\sum_{l \in N(j;i)} s(j,l) f(x(i,l))}{\sum_{l \in N(j;i)} s(j,l)} \tag{8.4}$$

ここで，$f(x(i,l))$ は $x(i,l)$ の関数とする（後述）．アイテム j とアイテム l の類似度 $s(j,l)$ は，通常，相関係数またはコサインのいずれかとみなされる．ここでは，アイテム j と l の間のピアソンの相関係数を使用し，次のように表す．

$$s(j,l) = \frac{\sum_k (x(k,j) - \eta_j)(x(k,l) - \eta_l)}{\sqrt{\sum_k (x(k,j) - \eta_j)^2}\sqrt{\sum_k (x(k,l) - \eta_l)^2}} \tag{8.5}$$

ここで，η_j は $x(k,j)$ の平均値である．k は，$I(k,j) \neq 0$ および $I(k,l) \neq 0$ の場合にカウントされる．$I(k,j)$，$I(k,l)$ はインデックス関数で，評価値が入っていないときに 0 となる．

　ユーザーは嫌いなアイテムよりも好きなアイテムを選択する傾向があり，$s(j,l)$ はより高い値を示す傾向があるため，相関係数のバリアント（変形）を類似度として使用する．ここで，バリアントは，1) $\mathrm{ls}(j,l)$，つまり $s(j,l)$ の下位パーセント点，および，2) $\mathrm{es}(j,l)$，つまり $s(j,l)$ のサイズ拡張インデックスである．

下位パーセント点の利用

　相関係数の分布は非対称であるため，通常，フィッシャーの z 変換法を使用して信頼限界を見つける．式 (8.5) によって求めたそのままの値ではユーザーの傾向によって偏向する値を示す可能性があるため，信頼限界の下限を使用する．こうすると，RMSE を最小化する際のパフォーマンスが向上することが期待される．調整パラメータとして，$s(j,l)$ の代わりに信頼限界の下限 $\mathrm{ls}(j,l)$ のさまざまな値を調査してみた．信頼確率は $0.7, 0.85, 0.95, 0.98, 0.999$ であるため，$15, 7.5, 2.5, 1, 0.05$ パーセント点に対応する．z 変換により次の式を用いる．

$$\mathrm{ls}(j,l) = \frac{\exp(2z_L) - 1}{\exp(2z_L) + 1}, \tag{8.6}$$

$$z_L = z - \frac{z_{\alpha/2}}{\sqrt{n-3}}, \tag{8.7}$$

$$z = \frac{1}{2} \log \frac{1 + s(j,l)}{1 - s(j,l)} \tag{8.8}$$

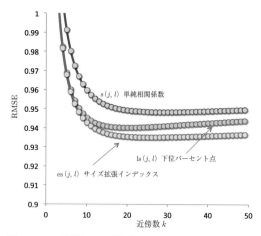

図 8.2　k 最近傍での近傍数 k に対する RMSE の傾向

ここで, α は有意水準の確率である. 例えば, $\alpha = 0.05$ の場合は 2.5 パーセント点である.

ユーザーのサイズを考慮

　映画が好きなユーザーのサイズを考慮して, 次のインデックスを検討してみる.

$$\text{es}(j, l) = \text{ls}(j, l)^2 \log n \qquad (8.9)$$

　ここで, n は, 映画 j と l の両方を評価するユーザーの数を示す. このことは, 映画の観客数の少ない方を強調することを目的としていることになる.

バイアス修正法

　先に述べたように, $x(i, l)$ の関数である $f(x(i, l))$ は, 実際にはバイアス補正された観測スコアになる.

$$f(x(i, l)) = \eta_i + (x(i, l) - \eta_l) \qquad (8.10)$$

ここで, η_i と η_l は, スコアの平均値を表す.

表 8.3　最近傍法による RMSE（指標を変えた場合）

	RMSE	最適な k	riC (%)
$s(j, l)$	0.9436	29	0.82
$ls(j, l)$	0.9353	21	1.69
$es(j, l)$	0.9281	25	2.45

クォリファイのクイズセットを用いた予測誤差

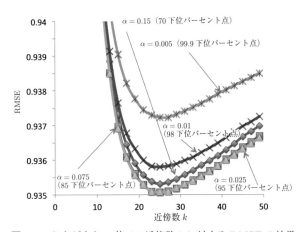

図 8.3　さまざまな α 値での近傍数 k に対する RMSE の結果

k 最近傍の結果

　最初に，前述の類似性の 3 つのケース，$s(j, l)$，$ls(j, l)$，および $es(j, l)$ における k の最適サイズを調べる．図 8.2 に，$\alpha = 0.05$ の場合の近傍数 k に対する RMSE の傾向を示す．プローブデータを使用すると，k の最適なサイズは $k = 20$ から $k = 30$ 付近で得られることがわかる．さらに，図 8.2 から，パフォーマンスの最高値は，サイズ拡張インデックス $es(j, l)$ によって得られることがわかる．

　パフォーマンス値の最高値を表 8.3 に示す．表を見ると，$es(j, l)$ は Cinematch のアルゴリズムよりもある程度改善されてはいるが，その程度は小さいことがわかる．

　次に，α がパラメータとして扱われる場合の $es(j, l)$ を使用したときの RMSE を調べる．図 8.3 に，$es(j, l)$ を使用した RMSE と，類似度インデ

表 **8.4**　最近傍法による RMSE（es(j, l) の場合）

α	RMSE	最適な k
0.15	0.93531	25
0.075	0.93507	25
0.025	0.93508	25
0.01	0.93583	27
0.005	0.93723	27

プローブを用いた予測誤差

ックスとして es(j, l) を選択した場合の α を示す．α の値を 0.1 前後にすると，最高のパフォーマンスが得られることがわかる．

　さまざまな α 値に対する RMSE の結果を表 8.4 に示す．$\alpha = 0.075$ および $\alpha = 0.025$ のときに最高のパフォーマンスが得られ，最適な近傍数 k はおおよそ 25 から 27 であることがわかる．

マトリクス分解法

　特異値分解 (SVD, singular value decomposition) は，マトリクスの要素に欠測がないような場合の，疑似逆マトリクス，データの最小二乗フィッティングの計算，マトリクス近似，マトリクスのランク，範囲，および零空間の決定など，さまざまなアプリケーションのアルゴリズムに適用されるような，マトリクスを要因分解する方法の 1 つである．付録 A.1.4 で示されるように，$\mathbb{R}^n$ で定義される $n \times n$ 正方マトリクスでは固有値を使ってマトリクスの要因分析を行うことができるが，一般の $m \times n\ (m \neq n)$ マトリクスではそれはできないので，$A^\mathsf{T}A$ あるいは AA^T によって正方（対称）マトリクスを作っておき，そこで固有値を使ったマトリクスの要因分析を行うことを考えたのが特異値分解であった．

　この特異値分解のようなマトリクス要因分解を，欠測値があるマトリクスにも何とか使うことはできないだろうか，というのがマトリクス分解法 (matrix decomposition, matrix factorization) である．

　今，$P = (p_{ij}) \in \mathbb{R}^{m \times n}$, $U = (u_{il}) \in \mathbb{R}^{m \times k}$, および $V = (v_{jl}) \in$

$\mathbb{R}^{n \times k}$ をマトリクスとするとき，$R = (r_{ij}) = UV^{\mathsf{T}}$ を作れば，それが評価マトリクス P の欠測データを生成しているという単純なことを考えてみる．ここで，p_{ij}，u_{il}，v_{jl}，r_{ij} は，それぞれ P，U，V，R の要素を表すとする．この，マトリクスの積が欠測要素を生成するという考えには，協調フィルタリングのような機能も入っているように思われる．この方法は，推薦システム [127, 143, 177] にも使用されている方法でマトリクス分解法と呼ばれる．R のもとになるマトリクス U，V を推定するには，観測されたスコア p_{ij} と予測されるスコア r_{ij} の差 $r_{ij} - p_{ij}$ の 2 乗の合計を最小化することで求めることができる．つまり，式 (8.11) に示すターゲット関数 E を最小化することにより，マトリクス U と V を見つけることを考える．その際，最適化の基準に最小 2 乗法を用いる．

$$E = \frac{1}{2} \sum_{i=1}^{m} \sum_{j=1}^{n} I(i,j)(r_{ij} - p_{ij})^2 \qquad (8.11)$$

ここで，$I(i,j)$ は，P の (i,j) 要素に観測値が入っているときに 1，そうでないときに 0 となるインデックス関数を表す．マトリクス分解のこの考え方は，$A = U\Sigma V^{\mathsf{T}}$（$U$ と V はそれぞれ直交ベクトルからなり，Σ は対角要素の特異値となる）のような通常の SVD の定式化の拡張になっているように見える．Σ が U と V のいずれか，または両方に吸収されると考えると，A を特異値分解することとマトリクス分解とはお互いに関連しているとも考えられる．しかし，マトリクス分解された U と V がそれぞれ直交ベクトルからなるマトリクスであるかどうかはわからないし，一意に決まるとも限らないので，単純に同一視はできないが，すべての要素が全部詰まった後のマトリクスでは，近似されたマトリクスは同じランクで，特異値分解によるものとマトリクス分解によるものと同じような精度で近似されていることは興味深い．

マトリクス分解アルゴリズム

$R \in \mathbb{R}^{m \times n}$ が，m ユーザーと n アイテムの評価マトリクスであり，$I \in \{0,1\}^{m \times n}$ がそのインデックス関数であるとする．マトリクス分解アルゴ

リズムは，ユーザーとアイテムの特徴マトリクスとして 2 つのマトリク
ス U と V を見つけだそうとする．つまり，各ユーザーまたはアイテムに
は k 次元の特徴ベクトルがあると仮定している．k はマトリクス分解の次
元（あるいは深さ）と呼ばれている．

　通常，U と V の最適値を，安定的にまた収束がうまくできるように，
観測スコアと予測値の間の誤差の 2 乗和に正則化項を加えた S を最小化
することが実行される（付録 A.2.2 参照）．

$$S = \frac{1}{2} \sum_{i=1}^{m} \sum_{j=1}^{n} I(i,j)(r_{ij} - p_{ij})^2 + \frac{k_u}{2} \sum_{i=1}^{m} || \boldsymbol{u}_i ||^2 + \frac{k_v}{2} \sum_{j=1}^{n} || \boldsymbol{v}_j ||^2$$

$$(8.12)$$

ここで，k_u と k_v は，過剰適合を防ぐための正則化係数である．$\boldsymbol{u}_i$，$\boldsymbol{v}_j$
はマトリクス U，V の i 番目，j 番目の列ベクトル，$|| \cdot ||$ はフローベニウ
スのノルム（定義 A.4 参照）を表すとする．この定式化は，リッジ回帰
の一種である．また，$r_{ij} = \sum_{l=1}^{k} u_{il} v_{jl}$ である．

　ほとんどのアプリケーションでは，スコア R は，区間 $[a, b]$ に限定され
ている．ここで，a と b は，データのドメインで定義された最小，最大ス
コア値である．例えば，ユーザーが映画を 1 から 5 の星によって評価す
ると，スコアは $[1, 5]$ の間に制限されていることになる．予測した値をこ
の範囲に制限する 1 つの方法は，推定値が制限範囲からはみ出た部分を
カットすることである．したがって，予測関数では一種のトリミングを行
うことになる．

　$R = UV^{\mathsf{T}}$ の U と V を求めるには，目的関数 S に対する負の勾配を計
算し，逐次補正する勾配法がよく使われる．勾配は，

$$\frac{\partial S}{\partial u_{il}} = 2 \sum_{j=1}^{n} I(i,j)(r_{ij} - p_{ij}) \frac{\partial}{\partial u_{il}} r_{ij} - 2k_u u_{il} \qquad (8.13)$$

$$\frac{\partial S}{\partial v_{jl}} = 2 \sum_{i=1}^{m} I(i,j)(r_{ij} - p_{ij}) \frac{\partial}{\partial v_{jl}} r_{ij} - 2k_v v_{jl} \qquad (8.14)$$

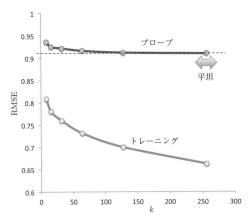

図 8.4 マトリクス分解法を使用したときのトレーニングデータとプローブデータでの RMSE

によって求められ，最適解の候補は，適当な $\boldsymbol{u}^{(0)}$，$\boldsymbol{v}^{(0)}$ を初期値として，

$$u_{il}^{(t+1)} \leftarrow u_{il}^{(t)} - \mu \frac{\partial S}{\partial u_{il}}\big|^{(t)}$$

$$v_{jl}^{(t+1)} \leftarrow v_{jl}^{(t)} - \mu \frac{\partial S}{\partial v_{jl}}\big|^{(t)} \tag{8.15}$$

が収束するまで繰り返される.

　図 8.4 は，埋め込まれた特徴変数の深さ k の数に対する，トレーニングデータとプローブデータにマトリクス分解法を使用したときの RMSE の変化を示したものである．特徴変数の数が多いほど，トレーニングデータでは RSME が小さくなることがわかる．しかし，プローブデータでは $k = 200$ を超したところから一定値に近づいているようにみえる．ここで，潜在要因の学習率，潜在要因の正則化定数，潜在要因の初期値はそれぞれ，0.002，0.003，0.1 にとった．

　マトリクス分解法の 1 つの変形は，バイアスを配慮したマトリクス分解法で，これはユーザー i と映画 j のバイアスを考慮したものであり，そのときの 2 乗誤差の合計は次のように表される.

$$E = \frac{1}{2} \sum_{i=1}^{m} \sum_{j=1}^{n} I(i,j)(f(r_{ij}) - p_{ij})^2$$

$$+ \frac{\lambda_1}{2} \left(\sum_{i=1}^{m} \| \boldsymbol{u}_i \|^2 + \sum_{j=1}^{n} \| \boldsymbol{v}_j \|^2 \right) + \frac{\lambda_2}{2} (b_i{}^2 + b_j{}^2) \qquad (8.16)$$

ここで，$f(r_{ij})$ は推定スコアのバイアス補正関数である.

$$f(r_{ij}; \boldsymbol{u}_i, \boldsymbol{v}_j, b_i, b_j) = \mu + b_i + b_j + \sum_{l=1}^{k} u_{il} v_{jl} \qquad (8.17)$$

ここに，b_i，b_j はマトリクスの行と列方向のバイアス補正，μ は観測値全体の平均である.図 8.5 に，埋め込まれた特徴変数の深さ k の数に対する，トレーニングデータとプローブデータにバイアス補正されたマトリクス分解法を使用したときの RMSE の変化を示す.プローブデータに埋め込まれた特徴変数の数が約 100 の場合，プローブデータでは最小の RMSE が得られることがわかる.ただし，機械学習でテストデータを適用した場合に見られるような，極端な「V 字」曲線の傾向はないようである.トレーニングデータでは，埋め込まれた特徴変数の数が多いほど，パフォーマンスは向上している.ここで，潜在要因の学習率，潜在要因の正則化定数，潜在要因の初期値，バイアスの学習率，バイアスの正則化定数，顧客バイアスの初期値，映画バイアスの初期値はそれぞれ，0.002，0.003，0.1，0.002，0.003，0.01，0.01 にとった.

　2 つの方法の結果を要約すれば，表 8.5 が得られる.riC はまだ 10% には届いていないが，Cinematch の予測誤差は超えている.

アンサンブル法

　これまでに多くの予測モデルを使ってきた.各モデルを予測子 l と呼ぼう.それにともなって，l を使って予測した予測スコア $\hat{x}(i,j)$ を $\hat{x}_l(i,j)$ で表す.L 個の予測子を使った予測子の線形結合は，次の式で表すことができる.

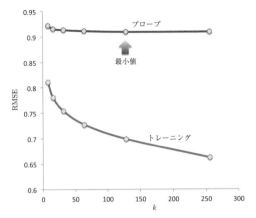

図 8.5 バイアス補正されたマトリクス分解法を使用したときのトレーニングデータと
プローブデータでの RMSE

表 8.5 マトリクス分解法による RMSE

	RMSE	riC (%)
マトリクス分解法	0.9038	5.00
バイアス補正マトリクス分解法	0.8995	5.46

クオリファイのクイズセットを用いた予測誤差

$$\hat{x}(i,j) = \sum_{l=1}^{L} w_l \hat{x}_l(i,j) \tag{8.18}$$

ここで，次の ET を最小化する．

$$\text{ET} = \frac{1}{2} \sum_{i,j} (\hat{x}(i,j) - x(i,j))^2 + \frac{\lambda}{2} \sum_{l=1}^{L} w_l^2 \tag{8.19}$$

これには，正則化項の付いた勾配法

$$-\frac{\partial \text{ET}(w_l)}{\partial w_l} = (\hat{x}(i,j) - x(i,j))\hat{x}_l(i,j) - \lambda w_l \tag{8.20}$$

を用いる．適切な初期値から $w_l^{(t)}$ を

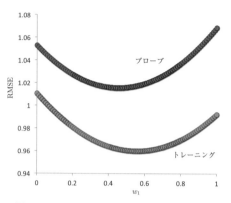

図 8.6　アンサンブル法による RMSE の値

$$w_l^{(t+1)} \leftarrow w_l^{(t)} + \nu \frac{\partial \mathrm{ET}}{\partial w_l} \tag{8.21}$$

のように，順次更新することで最適な w_l を取得できる．ここで，ν は学習率である．あるいは，第6章で示したように，線形重回帰を使って重みベクトル $\boldsymbol{w}$ を一気に求めることもできる．

表8.6に，2つの単純なモデルを使用した組み合わせの結果の例を示す．1つは，ユーザーの平均値 μ_i によって空の要素を推定する方法であり，もう1つは，映画の平均値 μ_j を使用する方法である．

図8.6では，初期値 w_1 が RMSE の値にどのように影響するかを確認できる．プローブデータの使用で $w_1 = 0.46$ の場合，最適な RSME = 1.0154 が得られる．これは，μ_i の1回の使用で得られる 1.0688 よりも小さく，μ_j の1回の使用で得られる 1.0528 よりも小さくなる．したがって，組み合わせ方法は，各モデルよりも高いパフォーマンスを提供することが期待される．

次に，これまで使ってきたモデルで最良の予測子を組み合わせてみる．これは，es(j,l)，k 最近傍のサイズ拡張インデックス，およびバイアス補正を考慮したマトリクス分解法の組み合わせである．表8.6では，RSME = 0.8974 の組み合わせの結果は，Cinematch の結果に対して 5% 以上のパフォーマンスの向上であることがわかる．

なお，最近傍法を単独で用いたときの RSME と riC は，$s(j,l)$ で，RS

表 **8.6** 組み合わせ法による結果

予測子	RMSE	riC (%)
μ_i & μ_j	1.0149	−6.64
es(j, l) & バイアス補正マトリクス分解法	0.8974	5.68

クオリファイのクイズセットを用いた予測誤差

ME = 0.9436, riC = 0.82%, es(j, l) で, RSME = 0.9281, riC = 2.45% であった. また, これらを含めて最近傍のバリアントをいくつか組み合わせたアンサンブル法では, RSME = 0.9038, riC = 2.75% に向上している.

これに対して, マトリクス分解法を用いると, マトリクス分解法を単独で用いたときの RSME と riC は, 単純なマトリクス分解法で, RSME = 0.9038, riC = 0.500%, バイアス補正を加えたマトリクス分解法で, RSME = 0.8995, riC = 5.46% となっている. したがって, マトリクス分解法の採用によって予測精度が一挙に向上したことになる. また, 最近傍のバリアントとマトリクス分解法を組み合わせたアンサンブル法では, RSME = 0.8974, riC = 5.68% のような予測精度の向上を見せている. マトリクス分解法を採用したときの予測精度の向上には著しい変化が見られているといえよう.

まとめ

Netflix のデータベースに対して, ここでは, 第 3 章から第 6 章までに述べた中でいくつかのアルゴリズムを使った推薦システムの性能について振り返ってみる. 1 つ目は, 最も単純な平均を代入する方法で, これはかなり性能の悪い方法であった. 2 つ目は, 協調フィルタリングの中で, 相関係数を使用する k 最近傍法である. 単純な相関係数の場合, それを拡張して相関係数のサイズ拡張インデックスを使用した場合, あるいは, バイアス除去を試みた場合などを試してみた. その結果, サイズ拡張インデックスを使用した場合はある程度優れたパフォーマンスを達成した. この時点で Cinematch の性能を上回っている. 次に, モデルベースのシステ

ムの 1 つであるマトリクス分解法を使ってみた．この方法は，アイデア
は単純で明快であるにもかかわらず，適用したときの性能は k 最近傍法
のような他の方法と比較して非常に効果的な結果をもたらし，性能は一挙
に上がっている．最後に，マトリクス分解法，k 最近傍法などを組み合わ
せて使用したハイブリッド法（アンサンブル法）である．ハイブリッド法
は単純なマトリクス分解法の性能を上回っている．

　さて，Netflix Prize コンテストで最終的に優勝したチームの推薦シス
テムの方法は，450 を超える予測子を使ったアンサンブル法であった．
チーム名は "Bellkor's Pragmatic Chaos" で，米国，カナダ，オースト
リア，イスラエルの，コンピューターサイエンティスト，エンジニアで
構成される 7 人のチームである．このとき，クイズセットでの RMSE は
0.8554，テストセットでの RMSE は 0.8567 となっている[2]．Netflix 社が
確認するクイズセットでの RMSE は Cinematch より 10.06% 改善された
ものであった [128]．

8.2　大学 1 年次と 3 年次での TOEIC 成績の比較

　TOEIC は，非常に多くの受験者の結果からスコアを算出するため，成
績の信頼性が高いといわれている．そのため，TOEIC の成績は，私企業
内での英語能力を確認するだけでなく，大学院入試での受験資格などの
公的な用途としても用いられている．また，大学や塾などの団体単位で
も，英語能力を簡便に確認できる TOEIC の IP テストは多く用いられて
いる．では，ある受験生が同じような時期に複数の受験を行ったときには
どの程度のばらつきがあるのだろうか．あるいは，大学入学後，数年経っ
たら成績はどの程度向上しているのだろうか．ばらつきの大きさと経年向
上の大きさとはどのような関係にあるのだろうか．そのようなことを分析
するにはまずデータを採取することが前提になる．ここでは，そのように
して採取されたデータの一部を用いて，複数回受験のうち片方の受験がで

---

[2]ほぼ同時刻に同程度の RMSE を出した "The Ensemble" チームとのアンサンブル
　結果が [197] に示されている．

きていなかったときの成績について，モデルベースであるマトリクス分解法を用いて推定してみよう．

8.2.1 データ

大学入学直後の学生の英語能力が，入学後3年経つとどのように変化していたかを見てみたいとする．そこで，入学直後と3年経った時点でのTOEICスコアを比較して調べてみる．もう少し具体的には，2005年に入学してきた51人の入学直後のTOEICのIPテストを受けたときのスコアと，2008年のそれとを比較してみたい．

8.2.2 予測法と予測結果

ここでの問題は，1人（Aさんとしよう）だけ入学直後のテストを受けておらず，Aさんのデータは2008年のものしかなかったことである．そのときの，実際のAさんの2008年の成績は290点であった．このときの，Aさんの入学時（2005年）の英語能力を遡って推定してみたい．

もちろん，Aさん以外の50人のデータ $\boldsymbol{x} = (x_1, \ldots, x_{50})^{\mathsf{T}}$ を使って回帰分析を行えば，3年間の変化を平均的にとらえることができる．つまり，$y_i = \beta_0 + \beta_1 x_i, \ (i = 1, \ldots, 50)$ を回帰モデルとして β を推定し，推定された $\hat{\beta}$ と2008年のスコア y を用いて，Aさんの入学時の英語能力を求めることができる．このとき，推定された値は77点であった．

ここでは，マトリクス分解法を用いてAさんの入学時の英語能力を予測してみよう．1列目には入学直後51人のスコア，2列目には3年後51人のスコアからなる，51行2列のマトリクス P を作る．マトリクスの $(51, 1)$ 要素にはデータがない．もし，$(51, 1)$ にデータがあれば特異値分解ができて，そのときのランクは高々2である．そこで，マトリクスの分解の深さを $k = 2$ とする．

図8.7に，観測された50人の大学1年次（2005年）と3年次（2008年）でのTOEIC成績の関係を示す．観測結果は "○" を用いて示した．図では，$k = 2$ としたときの計算結果を "□" の記号を用いて示した．また，参考までに，$k = 1$ としたときの計算結果には "×" を用いて併記し

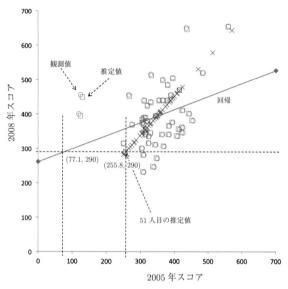

図 8.7 大学 1 年次（2005 年）と 3 年次（2008 年）での TOEIC 成績の関係

て示した．$k = 2$ を用いた場合，観測結果と予測結果は良い一致を見せているが，$k = 1$ を用いた場合，大学 1 年次と 3 年次の TOEIC 成績は比例関係になり，その比例係数（1 年次成績/3 年次成績）は 1.128 になっていることが確認できる．

A さんの入学時の TOEIC スコアは，回帰分析であれば 77 点，マトリクス分解法であれば 256 点と，推定方法によって異なる傾向が見られる．回帰分析では，x は独立変数として取り扱われ，y のみが誤差をともなった確率変数として取り扱われる．一方，マトリクス分解法では，x と y に主従の関係はなく，対等である．マトリクス分解法の結果は，主成分分析の結果に近いと考えられる．

8.3 授業アンケート

多くの大学では，学生からの授業に対しての評価を確認するために，授業後，オンライン入力によって，授業アンケートを行っている．いくつか

の評価項目の中でも学生からの「総合評価」は代表的な指標となるので翌年の授業設計に役立てることができる．ただし，入力は任意であるし，授業に欠席することもあるので，全授業のすべての受講生の結果が得られるわけではなく欠測が出る．そこで，学生が入力しなかったときの授業評価を推定してみた．

8.3.1　データ

評価値は 1 から 10 までの値をとり，10 が高評価を表す．ある年度のあるクラスでの授業アンケートでは，受講生数は 61，授業回数は 13 で，アンケートが得られていない割合は 0.317 であった．

8.3.2　推定法と推定結果

推定法の 1 つとして，これまでの例と同様，推薦システムのモデルベースシステムであるマトリクス分解法を用いて分析してみる．項目反応理論 (IRT) では，通常は欠測があると推定できなくなるが，IRT を拡張すれば可能になるので，ここではそれを用いた分析結果 [188] と比較してみる．

評価値は 1 から 10 までの値であり，IRT を用いて評価できるようにするために，評価値の値を 0.1 倍して評価値が $[0,1]$ の値をとるように評価値を変更している．このようにして，IRT による推定を行う際に，δ の値を $\delta \in [0,1]$ に合わせることにした．したがって，評価に使う RMSE の値も 0.1 倍されて表記されている．

図 8.8 に，観測データ，マトリクス分解法による推定結果，IRT による推定結果の評価値のヒートマップ，およびそれらの RMSE を示す．マトリクス分解法では，k の値を 1 から 10 まで動かした結果の中から，$k = 1, 2, 10$ の場合だけを抽出している．IRT では，未知パラメータ数は $61 + 2 \times 13 = 87$ である．マトリクス分解法でのそれは $k \times (61 + 13) = 74k$ で，$k = 1, 2, 10$ の場合，それぞれ $74, 148, 740$ である．未知パラメータ数の観点から，マトリクス分解法を IRT と比較する場合，$k = 1, 2$ の場合と比較するのが妥当であろう．

マトリクス分解法でのヒートマップでは，$k = 10$ の場合，観測データ

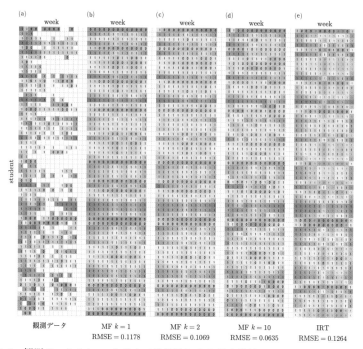

図 8.8　観測データ (a)，マトリクス分解法による推定結果 (b)(c)(d)，IRT による推定結果 (e)

によく似た傾向を示していることがわかる．また，RMSE も最も小さい．IRT の場合にも，ヒートマップでは観測データに似た傾向を示しているが，RMSE はどのマトリクス分解法の結果よりも悪い結果となっている．

8.4　ノロウイルスの感染拡大

感染症の予測には微分方程式モデル（SIR モデル）[85] がよく用いられている．インフルエンザや，SARS などの場合，観測結果は（ある時間経過の中では）SIR モデルを用いた結果と非常によく合致することがわかっているからである．しかし，SIR モデルに使うパラメータがよくつかめないときには，統計的に解析することも多い．例えば，時系列解析である．もし，季節性があると仮定できれば，周期性を加味した時系列解析

	week 1	week 2	week 3	week 4	week 5	···	week 46	week 47	···	week 52
2002	3.70	8.31	8.34	9.49	9.86	···	8.30	9.64	···	7.99
···	···	···	···	···	···	···	···	···	···	···
2009	4.98	10.23	8.24	8.59	7.70	···	2.68	2.86	···	7.39
2010	8.63	10.53	13.87	14.32	13.94	···	10.68	12.74	···	8.65
2011	7.98	8.49	9.16	8.97	8.89	···	4.70	5.09	···	9.97
2012	7.33	9.87	11.21	9.07	7.92	···	11.39	13.02	···	11.39

予測区間

図 8.9　2002 年から 2012 年の日本でのノロウイルスの感染者数

(ARIMA, auto regressive, integrated, and moving average) が使われる
のが一般的であろう．ここでは，感染症の予測にマトリクス分解法を適用
してみる [190]．すると，驚くべき結果が得られる．

8.4.1　データ

図 8.9 に，2002 年 1 週目から 2012 年 52 週目までの週ごとの日本での
ノロウイルスの感染者数のデータを示す．数値は，国立感染症研究所で
公開されている感染性胃腸炎の定点当たりの報告数である．ここで，定
点当たり報告数とは，全国約 3,000 の医療機関から報告された平均患者
数である．2002 年の 1 週目から 2011 年 52 週目まで，および 2012 年の
1 週目から 5 週目までの観測データをトレーニングデータとして用いて，
2012 年の 6 週目から 52 週目までのデータをテストデータとして予測する
ことを考える．

8.4.2　予測法と予測結果

ここでは，マトリクス分解法と ARIMA の両方の解析結果を比較して
みよう．マトリクス分解法では k の値を $k = 1, 2, \ldots, 5$ に設定した．パ
ラメータの未知数の数は $k \times (11 + 52) = 63k$ である．

ARIMA モデルは，データが平均に関して非定常性を示す場合に適用
される時系列モデルで，典型的な ARIMA モデル [31] は，Y_t を時刻 t で
の値として，

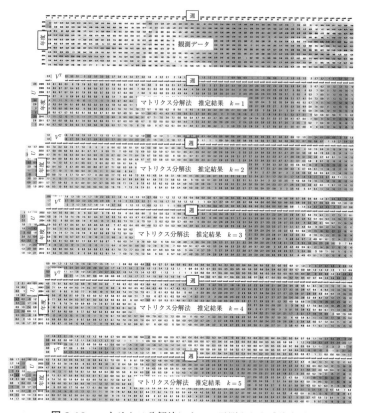

図 8.10　マトリクス分解法によって予測された感染者数

$$\mathrm{ARIMA}(p, d, q)(P, D, Q)^{[s]}$$

$$\Phi_P(B)^s \phi_p(B)(1 - B)^d (1 - B^s)^D Y_t = \theta_Q(B)\Theta_Q(B)^s a_t \quad (8.22)$$

と表わすことができる。ここに，p, P は自己回帰モデルの次数（タイムラグの数），d, D は差分の階数（データの過去の値を差し引いた回数），q, Q は移動平均モデルの次数で，小文字の方は通常の，大文字の方は季節性への寄与を表す。s は周期，a_t は白色ノイズを表す。ϕ, Φ は係数である。

　ここでの ARIMA で用いたパラメータは，ARIMA $(3,0,0)(1,0,1)^{(52)}$ であり，これは，

表 **8.7** マトリクス分解法での RMSE

k	トレーニング	テスト
1	1.636	2.111
2	1.027	**1.822**
3	0.760	2.014
4	0.5836	2.571
5	0.4128	1.832

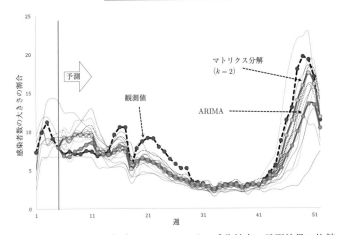

図 **8.11** マトリクス分解法，ARIMA による感染拡大の予測結果の比較

$$\Phi_1(B)^{52}\phi_3(B)(1-B)^0(1-B^{52})^0 Y_t = \Theta_1(B)^{52} a_t$$

のことで，具体的には

$$Y_t = \phi_1 Y_{t-1} + \phi_2 Y_{t-2} + \phi_3 Y_{t-3}$$
$$+ \Phi_1 Y_{t-52} - \Phi_1\phi_1 Y_{t-53} - \Phi_1\phi_2 Y_{t-53} - \Phi_1\phi_3 Y_{t-53}$$
$$+ a_t - \Theta_1 a_{t-52} \tag{8.23}$$

という形に表される．

図 8.10 に，マトリクス分解法を用いたときの，2002 年の 1 週目から 52 週目までの週ごとの推定結果を示す．マトリクス分解法では，深さ k が 1 から 5 までの結果を示している．

マトリクス分解法で，k を変えた場合のトレーニングデータとテスト

データでの RMSE を表 8.7 に示す. $k = 2$ の場合がテストデータでの
RMSE が最も小さかった.

　一方, ARIMA での RMSE は 2.53 となっている. したがって, マトリ
クス分解法の方が良い結果を出している.

　2012 年の日本でのノロウイルスの感染拡大のデータを図 8.11 に示す
[68, 72-74, 190]. この図からも, マトリクス分解法の予測結果は ARIMA
の予測結果に比べて, より観測値に近くなっていることが示されている.

付録 A：推薦システムの数理的基礎

　本書では，ユーザーを行に，アイテムを列にして，ユーザー i がアイテム j を評価したときの評価値を (i, j) 要素の値としたマトリクスを取り扱う．推薦システムのなかでも，マトリクス分解法は重要な役割を果たす．そして，マトリクス分解の性質を理解する上で，特異値分解は中核的なマトリクス分解の概念を与えてくれる．つまり，特異値分解は，推薦システムに使われているデータがどのように構成されているかを，構造的な側面から説明する手助けとなる．

　この付録 A では，特異値分解に初めて接する人にもこれが理解できるような道筋をつけるため，はじめは，線形代数に関する基礎的なベクトルから説明していき，特異値分解を理解する際に重要な，写像の概念や，写像によって変換されたデータの性質を調べる方法などを述べながら順に説明していく（A.1 節）．

　推薦システムでは，回帰分析などによる統計的なデータの取り扱いは頻繁に出てくるので，次に，回帰を含む統計的なデータの取り扱いに関する基礎的な方法について簡単に説明する（A.2.1 項）．また，分類は機械学習の分野としても取り扱われているので，分類をはじめとする機械学習の基礎についてもここで簡単に触れる（A.2.3 項〜A.2.5 項）．さらに，パラメータ推定法など，データの数値的な取り扱いについても A.3 節で簡単に述べておく．

A.1　特異値分解を理解する

　まず，推薦システムの中で頻繁に用いられているモデルベースによる手法において使われるマトリクス変形に関する事柄を理解するには，線形代数 [179, 183, 157] に関する基礎的な知識が必要となってくるので，概説する．特に，マトリクスが分解されるということはどのような意味を持つのかを知るために，線形方程式に現れてくるマトリクスの分解，固有値と固有ベクトルによるマトリクスの分解，さらにそれを拡張した特異値分解について述べる．特に，特異値分解は推薦システムだけでなく，さまざまな機械学習でも重要な側面を持つ．

A.1.1　マトリクスと線形写像

ここでは，線形写像はマトリクスと同値[1)]になることを説明する.

ベクトル

実数空間 $\mathbb{R}$ で定義された数 $a_1, a_2, \ldots, a_n$ をまとめたものをベクトルといい，$\boldsymbol{a} = (a_1, a_2, \ldots, a_n)^\mathsf{T}$ と書く．"T" は転置を表す．ベクトル $\boldsymbol{a}$ の全体集合を n 次元ベクトル空間といい，$\mathbb{R}^n$ で表す.

$\mathbb{R}^n$ のベクトル $\boldsymbol{a}$ とベクトル $\boldsymbol{b}$ の和 $\boldsymbol{a} + \boldsymbol{b}$ は $(a_1 + b_1, a_2 + b_2, \ldots, a_n + b_n)^\mathsf{T}$ で，ベクトル $\boldsymbol{a}$ のスカラー k 倍は $(ka_1, ka_2, \ldots, ka_n)^\mathsf{T}$ で定義される.

マトリクス

マトリクス A は m 次元ベクトル空間のベクトル $\boldsymbol{a}_1, \boldsymbol{a}_2, \ldots, \boldsymbol{a}_n$ を並べて作られたもので

$$A = (\boldsymbol{a}_1, \boldsymbol{a}_2, \ldots, \boldsymbol{a}_n) = \begin{pmatrix} a_{11} & a_{12} & \cdots & a_{1n} \\ a_{21} & a_{22} & \cdots & a_{2n} \\ \vdots & \vdots & \ddots & \vdots \\ a_{m1} & a_{m1} & \cdots & a_{mn} \end{pmatrix} = (a_{ij}) \quad \text{(A.1)}$$

と表す．A で横に並んだ数のまとまりを行，縦に並んだ数のまとまりを列と呼ぶ．この場合，行は m 個，列は n 個なので，A は m 行 n 列のマトリクス（$m \times n$ マトリクスと書く）となる．a_{ij} をマトリクスの要素という．この場合，要素の数は mn 個になる.

$m \times n$ マトリクス A と $m \times n$ マトリクス B の和 $C = A + B$ は，A の要素と B の要素の和で定義され，$C = (c_{ij}) = (a_{ij} + b_{ij})$ である．一方，$m \times n$ マトリクス A と $n \times k$ マトリクス B の積 $C = AB$ は，C の要素 c_{ij} を $c_{ij} = \sum_{l=1}^{n} a_{il} b_{lj}$ によって定義する．このように定義する理由は後で述べる.

$m \times n$ マトリクス A にベクトル $\boldsymbol{x} = (x_1, x_2, \ldots, x_n)^\mathsf{T}$ をかけるというのは，上でマトリクス B を n 行 1 列のマトリクスと解釈すれば，n 行 1 列のマトリクス，つまり，ベクトル $\boldsymbol{b} = (b_1, b_2, \ldots, b_m)^\mathsf{T}$ が作られる．つまり，$A\boldsymbol{x} = \boldsymbol{b}$ は，具体的には

[1)] 同値という意味合いは，線形写像はマトリクスで記述でき，また，マトリクスは線形写像の性質を持つこととして用いている.

$$\begin{cases} a_{11}x_1 + \cdots + a_{1n}x_n = b_1 \\ \quad\quad\quad \vdots \\ a_{m1}x_1 + \cdots + a_{mn}x_n = b_m \end{cases} \quad\quad (A.2)$$

となる. これは, $x_1, x_2, \ldots, x_n$ を未知数とする m 個の連立一次方程式の形になっている.

線形写像

$\mathbb{R}^n$ の中のベクトル $\boldsymbol{x}$ が写像 f によって $\mathbb{R}^m$ の中のベクトル $\boldsymbol{y}$ に写されるとする. これを $\boldsymbol{y} = f(\boldsymbol{x})$ と書く. このときの $\boldsymbol{x} \in \mathbb{R}^n$ の集合を始集合 (あるいは始域)[2], $\boldsymbol{y} \in \mathbb{R}^m$ の集合を終集合 (あるいは終域)[3] と呼ぶ. ベクトル $\boldsymbol{x}$ が写像 f によって $\boldsymbol{y}$ に写され, $\boldsymbol{y}$ がさらに g によってベクトル $\boldsymbol{z}$ に写される場合, $g \circ f(\boldsymbol{x}) = g(f(\boldsymbol{x})) = g(\boldsymbol{y}) = \boldsymbol{z}$ と書く.

定義 A.1 (線形写像)

写像 $f : \mathbb{R}^n \to \mathbb{R}^m$ が線形写像であるとは, $\mathbb{R}^n$ の任意のベクトル $\boldsymbol{a}, \boldsymbol{b}$ と任意のスカラー k に対して
1) $f(\boldsymbol{a} + \boldsymbol{b}) = f(\boldsymbol{a}) + f(\boldsymbol{b})$
2) $f(k\boldsymbol{a}) = kf(\boldsymbol{a})$
が成り立つときをいう.

$\mathbb{R}^n$ における次のベクトル

$$\boldsymbol{e}_1 = \begin{pmatrix} 1 \\ 0 \\ \vdots \\ 0 \end{pmatrix}, \ \boldsymbol{e}_2 = \begin{pmatrix} 0 \\ 1 \\ \vdots \\ 0 \end{pmatrix}, \ \ldots, \ \boldsymbol{e}_n = \begin{pmatrix} 0 \\ 0 \\ \vdots \\ 1 \end{pmatrix} \quad\quad (A.3)$$

を基底ベクトルという. 基底ベクトルに対して線形写像 $f : \mathbb{R}^n \to \mathbb{R}^m$ を行った像 $f(\boldsymbol{e}_1), f(\boldsymbol{e}_2), \ldots, f(\boldsymbol{e}_n)$ を

---

[2] $\boldsymbol{y} \in \mathbb{R}^m$ が空集合でないときの始集合の元からなる集合は定義域とよばれる.

[3] $\boldsymbol{y} = f(\boldsymbol{x}) \in \mathbb{R}^m$ となる f の定義域の $\boldsymbol{x}$ が存在するときの $\boldsymbol{y}$ の集合は値域とよばれる.

$$f(\boldsymbol{e}_1) = \begin{pmatrix} a_{11} \\ a_{21} \\ \vdots \\ a_{m1} \end{pmatrix}, \; f(\boldsymbol{e}_2) = \begin{pmatrix} a_{12} \\ a_{22} \\ \vdots \\ a_{m2} \end{pmatrix}, \; \ldots, \; f(\boldsymbol{e}_n) = \begin{pmatrix} a_{1n} \\ a_{2n} \\ \vdots \\ a_{mn} \end{pmatrix} \tag{A.4}$$

と表す. $f(\boldsymbol{e}_i)$ $(i = 1, \ldots, n)$ は $\mathbb{R}^m$ におけるベクトルである.

$\mathbb{R}^m$ における基底ベクトル $\boldsymbol{e}_1', \boldsymbol{e}_2', \ldots, \boldsymbol{e}_m'$ を

$$\boldsymbol{e}_1' = \begin{pmatrix} 1 \\ 0 \\ \vdots \\ 0 \end{pmatrix}, \; \boldsymbol{e}_2' = \begin{pmatrix} 0 \\ 1 \\ \vdots \\ 0 \end{pmatrix}, \; \ldots, \; \boldsymbol{e}_m' = \begin{pmatrix} 0 \\ 0 \\ \vdots \\ 1 \end{pmatrix} \tag{A.5}$$

としたとき，$\mathbb{R}^n$ の基底ベクトル $\boldsymbol{e}_j$ を線形写像したものが

$$f(\boldsymbol{e}_j) = a_{1j}\boldsymbol{e}_1' + a_{2j}\boldsymbol{e}_2' + \cdots + a_{mj}\boldsymbol{e}_m' = \sum_{i=1}^{m} a_{ij}\boldsymbol{e}_i' \tag{A.6}$$

で表されたとする．このとき，このベクトルを並べて作られる $(f(\boldsymbol{e}_1), f(\boldsymbol{e}_2), \ldots, f(\boldsymbol{e}_m))$ はマトリクス

$$A = (\boldsymbol{a}_1, \boldsymbol{a}_2, \ldots, \boldsymbol{a}_n) = \begin{pmatrix} a_{11} & a_{12} & \cdots & a_{1n} \\ a_{21} & a_{22} & \cdots & a_{2n} \\ \vdots & \vdots & \ddots & \vdots \\ a_{m1} & a_{m2} & \cdots & a_{mn} \end{pmatrix} = (a_{ij}) \tag{A.7}$$

を形成する.

ところで，$\mathbb{R}^n$ の任意のベクトル $\boldsymbol{x} = (x_1, x_2, \ldots, x_n)^\mathsf{T}$ は，$\mathbb{R}^n$ での基底 $\boldsymbol{e}_1, \boldsymbol{e}_2, \ldots, \boldsymbol{e}_n$ を用いれば，

$$
\boldsymbol{x} = \begin{pmatrix} x_1 \\ x_2 \\ \vdots \\ x_n \end{pmatrix} = x_1 \begin{pmatrix} 1 \\ 0 \\ \vdots \\ 0 \end{pmatrix} + x_2 \begin{pmatrix} 0 \\ 1 \\ \vdots \\ 0 \end{pmatrix} + \cdots + x_n \begin{pmatrix} 0 \\ 0 \\ \vdots \\ 1 \end{pmatrix}
$$

$$
= x_1 \boldsymbol{e}_1 + x_2 \boldsymbol{e}_2 + \cdots + x_n \boldsymbol{e}_n \tag{A.8}
$$

と書ける．したがって，$\boldsymbol{x}$ を f によって線形写像すると，

$$
f(\boldsymbol{x}) = f(x_1 \boldsymbol{e}_1 + x_2 \boldsymbol{e}_2 + \cdots + x_n \boldsymbol{e}_n)
$$

$$
= x_1 \begin{pmatrix} a_{11} \\ a_{21} \\ \vdots \\ a_{m1} \end{pmatrix} + x_2 \begin{pmatrix} a_{12} \\ a_{22} \\ \vdots \\ a_{m2} \end{pmatrix} + \cdots + x_n \begin{pmatrix} a_{1n} \\ a_{2n} \\ \vdots \\ a_{mn} \end{pmatrix} \tag{A.9}
$$

$$
= \begin{pmatrix} x_1 a_{11} + x_2 a_{12} + \cdots + x_n a_{1n} \\ x_1 a_{21} + x_2 a_{22} + \cdots + x_n a_{2n} \\ \vdots \\ x_1 a_{m1} + x_2 a_{m2} + \cdots + x_n a_{mn} \end{pmatrix} \tag{A.10}
$$

$$
= \begin{pmatrix} a_{11} & a_{12} & \cdots & a_{1n} \\ a_{21} & a_{22} & \cdots & a_{2n} \\ \vdots & \vdots & \ddots & \vdots \\ a_{m1} & a_{m1} & \cdots & a_{mn} \end{pmatrix} \begin{pmatrix} x_1 \\ x_2 \\ \vdots \\ x_n \end{pmatrix} \tag{A.11}
$$

$$
= A\boldsymbol{x} \tag{A.12}
$$

となることがわかる．

線形写像とマトリクスの同値性

以上のことから，線形写像 f はマトリクス A で表されていることになる．一方，マトリクス A は，$m \times n$ マトリクス $A = (a_{ij})$，$B = (b_{ij})$，$C = (c_{ij})$ に対して，$(a_{ij} + b_{ij}) = (c_{ij})$，$(ka_{ij}) = k(a_{ij})$ が成り立つので線形性を持っている．したがって，これらのことから，次の定理が成立する．

定理 A.1 （線形写像とマトリクス）

　線形写像 f はマトリクス A で表される．また，マトリクス A に対応する線形写像は f である．

　これによって，マトリクスが現れたときには，マトリクスと対になる線形写像を想い起こし，ベクトル空間でのベクトルの動きをダイナミックに感じ取ることができる．m 行 n 列のマトリクス A が線形写像になっていることを $A \in L(\mathbb{R}^{m \times n})$ と表現する．

　さて，線形写像 $f : \mathbb{R}^n \to \mathbb{R}^m$ を行った後，$g : \mathbb{R}^m \to \mathbb{R}^l$ を行うことによってできる写像を合成写像 $g \circ f : \mathbb{R}^n \to \mathbb{R}^l$ とよぶ．この合成写像が線形性を保つことは簡単にわかる．f, g によってできるマトリクスを A, B，合成写像 $g \circ f$ によってできるマトリクスを $C = (c_{ki})$ とする．

　$\mathbb{R}^l$ における基底ベクトル $\boldsymbol{e}_1'', \boldsymbol{e}_2'', \ldots, \boldsymbol{e}_l''$ とするとき，

$$g \circ f(\boldsymbol{e}_i) = g\left(\sum_{j=1}^{m} a_{ji}\boldsymbol{e}_j'\right) = \sum_{j=1}^{m}(a_{ji}g(\boldsymbol{e}_j')) = \sum_{j=1}^{m} a_{ji}\left(\sum_{k=1}^{l} b_{kj}\boldsymbol{e}_k''\right)$$

$$= \sum_{k=1}^{l}\sum_{j=1}^{m} a_{ji}b_{kj}\boldsymbol{e}_k'' = \sum_{k=1}^{l}\left(\sum_{j=1}^{m} b_{kj}a_{ji}\right)\boldsymbol{e}_k'' = \sum_{k=1}^{l} c_{ki}\boldsymbol{e}_k'' \quad (A.13)$$

となるので，$c_{ki} = \sum_{j=1}^{m} b_{kj}a_{ji}$ が成立する．先に，マトリクス A と B の積 $C = AB$ については $c_{ij} = \sum_{l=1}^{n} a_{il}b_{lj}$ で定義されるとしていたが，これは線形写像の合成を考えると自然な定義であったことがわかる．

マトリクスの積の結合則

　マトリクス A, B, C を，$A \in L(R^{k \times l})$，$B \in L(R^{l \times m})$，$C \in L(R^{m \times n})$ とする．このとき，マトリクスの積には結合則

$$A(BC) = (AB)C \quad (A.14)$$

が成り立つ．

　この証明には，$A = (a_{st}), B = (b_{op}), C = (a_{qr})$ のようにマトリクスを要素を用いて表した後，具体的に積 $A(BC)$ と積 $(AB)C$ を行い，両者が同じ形で表されていることを示す直接的な方法がよく用いられる．しかし，マトリクスは線形写像と同値扱いができることを利用すれば，結合則を写像の合成に対応

させ，合成写像から結合則を示すこともできる．つまり，A, B, C に対応する写像を，$f : \mathbb{R}^l \to \mathbb{R}^k$, $g : \mathbb{R}^m \to \mathbb{R}^l$, $h : \mathbb{R}^n \to \mathbb{R}^m$ とするとき，

$$f \circ (g \circ h) = (f \circ g) \circ h : \mathbb{R}^n \to \mathbb{R}^k \tag{A.15}$$

を示すことができれば，結合則が示されたことになる．

写像 h による $\boldsymbol{x} \in \mathbb{R}^n$ の像を $\boldsymbol{y} \in \mathbb{R}^m$，写像 g による $\boldsymbol{y} \in \mathbb{R}^m$ の像を $\boldsymbol{z} \in \mathbb{R}^l$，写像 f による $\boldsymbol{z} \in \mathbb{R}^l$ の像を $\boldsymbol{w} \in \mathbb{R}^k$ とする．$g \circ h : \mathbb{R}^n \to \mathbb{R}^l$, $f \circ g : \mathbb{R}^m \to \mathbb{R}^k$ で，

$$(f \circ (g \circ h))(\boldsymbol{x}) = f(g(h(\boldsymbol{x}))) = f(g(\boldsymbol{y})) = f(\boldsymbol{z}) = \boldsymbol{w} \tag{A.16}$$

$$((f \circ g) \circ h)(\boldsymbol{x}) = f(g(h(\boldsymbol{x}))) = f(g(\boldsymbol{y})) = f(\boldsymbol{z}) = \boldsymbol{w} \tag{A.17}$$

であるから，式 (A.14) は直ちに示すことができる．

A.1.2 線形方程式と *LU* 分解

未知数が n 個で方程式の数が n 個から構成される線形方程式 $A\boldsymbol{x} = \boldsymbol{b}$ は，ガウスの消去法を用いて解かれることが多い．ガウスの消去法の手続きは，ある行をスカラー倍して他の行に加えても方程式自体は変わらないという線形変換の性質を利用して，もとの方程式を解が得られやすいような形に変形していることになる．ここでは，この手続きの結果，1 つの $n \times n$ マトリクス A が 2 つの $n \times n$ マトリクスの積に分解されていることを示す．

逆マトリクス

線形写像 f の始集合 $\mathbb{R}^n$ と終集合 $\mathbb{R}^n$ が同じときの線形写像は線形変換とよばれる．実用的な場面では，始集合を定義域，終集合を値域とみなしてよいことが多い．

$A\boldsymbol{x} = \boldsymbol{b}$ は，$\mathbb{R}^n$ のベクトル $\boldsymbol{x}$ が，$n \times n$ マトリクス A によって $\mathbb{R}^n$ のベクトル $\boldsymbol{b}$ に変換されたことを表している．もし，A と $\boldsymbol{b}$ がわかっているとき，変換される前の $\boldsymbol{x}$ を求めたいというのが線形方程式を解くということになる．

今，$\boldsymbol{x}$ を A によって $\boldsymbol{b}$ に写し，その $\boldsymbol{b}$ をさらにある線形変換 B によって写すことを考える．そのとき，写されたベクトルが $\boldsymbol{x}$ になったと仮定する．つまり，すべての $\boldsymbol{x} \in \mathbb{R}^n$ に対して，$B(A\boldsymbol{x}) = \boldsymbol{x}$ と表されたと仮定する．このようなマトリクス B が存在するとき，これを A の逆マトリクスといい，A^{-1} で

表す．このとき，$A^{-1}A\boldsymbol{x} = \boldsymbol{x}$ となっている．$A^{-1}A = AA^{-1} = I$ とすると，I は，ベクトル $\boldsymbol{x}$ を $\boldsymbol{x}$ に変換するマトリクスであり，対角線上の要素がすべて 1 で，その他はすべて 0 のマトリクスになる．これは単位マトリクスである．そうすると，もし，A の逆マトリクス A^{-1} が存在している場合，それが見つかれば，方程式の解は $\boldsymbol{x} = A^{-1}\boldsymbol{b}$ によって求められる．

　ここでは，ガウスの消去法の手続きを追うことによって，線形変換が果たしている役割を見ていきながら，結果的に A^{-1} がどのように形成されていくかを見てみたい．

　A の逆マトリクス A^{-1} が存在するとき，A は正則マトリクスであるという．

LU 分解

　ガウスの消去法では，線形方程式 $A\boldsymbol{x} = \boldsymbol{b}$

$$\begin{cases} a_{11}x_1 + \cdots + a_{1n}x_n & = b_1 \\ \qquad\qquad \vdots & \\ a_{n1}x_1 + \cdots + a_{nn}x_n & = b_n \end{cases} \tag{A.18}$$

の各行を，同値変換によって，対角上の要素から下の列の要素を 0 に消去していくという操作を行う．つまり，

$$A = A^{(1)} \to A^{(2)} \to \cdots \to A^{(n)}$$

の同値変形を行っている．ここで，

$$A^{(k)} = \begin{pmatrix} a_{11}^{(k)} & \cdots & a_{1k-1}^{(k)} & a_{1k}^{(k)} & \cdots & a_{1j}^{(k)} & \cdots & a_{1n}^{(k)} \\ \vdots & \ddots & \vdots & \vdots & \ddots & \vdots & \ddots & \vdots \\ 0 & \cdots & 0 & a_{kk}^{(k)} & \cdots & a_{kj}^{(k)} & \cdots & a_{kn}^{(k)} \\ \vdots & \ddots & \vdots & \vdots & \ddots & \vdots & \ddots & \vdots \\ 0 & \cdots & 0 & a_{ik}^{(k)} & \cdots & a_{ij}^{(k)} & \cdots & a_{in}^{(k)} \\ \vdots & \ddots & \vdots & \vdots & \ddots & \vdots & \ddots & \vdots \\ 0 & \cdots & 0 & a_{nk}^{(k)} & \cdots & a_{nj}^{(k)} & \cdots & a_{nn}^{(k)} \end{pmatrix}$$

である．また，このときの $a_{ij}^{(k+1)}$ は，

$$a_{ij}^{(k+1)} = \begin{cases} a_{ij}^{(k)} & , & i \le k \\ a_{ij}^{(k)} - \dfrac{a_{ik}^{(k)}}{a_{kk}^{(k)}} a_{kj}^{(k)} & , & i \ge k+1, j \ge k+1 \\ 0 & , & i \ge k+1, j \le k \end{cases}$$

によって作られていく.

$$l_{ik} = \begin{cases} \dfrac{a_{ik}^{(k)}}{a_{kk}^{(k)}} & , & i \ge k+1 \qquad (a_{kk}^{(k)} \ne 0) \\ 1 & , & i = k \\ 0 & , & i \le k-1 \end{cases}$$

とするとき,1列目の操作,2列目の操作というように,列ごとの操作を分けて,

$$L_1 = \begin{pmatrix} 1 & & & & \\ -l_{21} & 1 & & 0 & \\ -l_{31} & 0 & 1 & & \\ \vdots & \vdots & \ddots & \ddots & \\ -l_{n1} & 0 & \cdots & \cdots & 1 \end{pmatrix}, \; L_1 A = \begin{pmatrix} a_{11}^{(2)} & a_{12}^{(2)} & \cdots & a_{1n}^{(2)} \\ 0 & a_{22}^{(2)} & \cdots & a_{2n}^{(2)} \\ \vdots & \vdots & \ddots & \vdots \\ 0 & a_{n2}^{(2)} & \cdots & a_{nn}^{(2)} \end{pmatrix} = A_{(2)}$$

$$L_2 = \begin{pmatrix} 1 & & & & \\ 0 & 1 & & 0 & \\ 0 & -l_{32} & 1 & & \\ \vdots & \vdots & \ddots & \ddots & \\ 0 & -l_{n2} & \cdots & \cdots & 1 \end{pmatrix}, \; L_2 A_{(2)} = \begin{pmatrix} a_{11}^{(3)} & a_{12}^{(3)} & \cdots & a_{1n}^{(3)} \\ 0 & a_{22}^{(3)} & \cdots & a_{2n}^{(3)} \\ \vdots & 0 & \ddots & \vdots \\ \vdots & \vdots & & \vdots \\ 0 & 0 & & a_{nn}^{(3)} \end{pmatrix} = A_{(3)}$$

$$L_k = \begin{pmatrix} 1 & & & & \\ 0 & \cdots & 1 & 0 & \\ 0 & \cdots & -l_{k+1,k} & 1 & \\ \vdots & \ddots & \vdots & & \ddots \\ 0 & \cdots & -l_{n,k} & \cdots & \cdots & 1 \end{pmatrix}, \; L_k A_{(k)} = \begin{pmatrix} a_{11}^{(k)} & a_{12}^{(k)} & \cdots & a_{1n}^{(k)} \\ 0 & a_{22}^{(k)} & \cdots & a_{2n}^{(k)} \\ \vdots & 0 & \ddots & \vdots \\ \vdots & \vdots & & \vdots \\ 0 & 0 & \cdots & a_{nn}^{(k)} \end{pmatrix}$$

$$= A_{(k+1)}$$

とすると,最終的に,

$$(L_{n-1} L_{n-2} \cdots L_2 L_1) A = U$$

となっている．U は，対角線の要素から下はすべて 0 の上三角マトリクスである．つまり，$A\boldsymbol{x} = \boldsymbol{b}$ の線形方程式を解く過程で連続して行った行の線形変換 $L_{n-1}L_{n-2}\cdots L_2 L_1$ を A に行った結果，A は対角より下の要素がすべて 0 になる上三角マトリクスに変換されたことを示している．

さて，

$$
\begin{pmatrix}
1 & & & & \\
0 & \cdots & 1 & 0 & \\
0 & 0 & -l_{k+1,k} & 1 & \\
\vdots & \ddots & \vdots & \ddots & \ddots \\
0 & 0 & -l_{n,k} & \cdots & \cdots & 1
\end{pmatrix}
\begin{pmatrix}
1 & & & & \\
0 & \cdots & 1 & 0 & \\
0 & 0 & l_{k+1,k} & 1 & \\
\vdots & \vdots & \vdots & \ddots & \ddots \\
0 & 0 & l_{n,k} & \cdots & \cdots & 1
\end{pmatrix} = I
$$

なので，

$$
L_k^{-1} =
\begin{pmatrix}
1 & & & & \\
0 & \cdots & 1 & 0 & \\
0 & \cdots & l_{k+1,k} & 1 & \\
\vdots & \ddots & \vdots & \ddots & \ddots \\
0 & \cdots & l_{n,k} & \cdots & \cdots & 1
\end{pmatrix}
$$

となっている．そこで，

$$
(L_{n-1}L_{n-2}\cdots L_2 L_1)^{-1} = L_1^{-1} L_2^{-1} \cdots L_{n-2}^{-1} L_{n-1}^{-1}
$$

$$
=
\begin{pmatrix}
1 & & & & & \\
l_{21} & 1 & & & & \\
l_{31} & l_{32} & \ddots & & & \\
\vdots & \vdots & \ddots & \ddots & & \\
l_{n1} & l_{n2} & \cdots & \cdots & \cdots & 1
\end{pmatrix} = L
$$

とすれば，L は下三角マトリクスになり，また

$$
A = LU
$$

というように，A が 2 つの三角マトリクスに分解できていることを表している．A は変換を施すマトリクスの逆マトリクスと，変換を施された結果としてでき

あがったマトリクスの積に分解されている [13].

例えば，4×4 マトリクス A は，

$$
\begin{pmatrix}
6 & -2 & 2 & 4 \\
12 & -8 & 6 & 10 \\
3 & -13 & 9 & 3 \\
-6 & 4 & 1 & -18
\end{pmatrix}
=
\begin{pmatrix}
1 & 0 & 0 & 0 \\
2 & 1 & 0 & 0 \\
1/2 & 3 & 1 & 0 \\
-1 & -1/2 & 2 & 1
\end{pmatrix}
\begin{pmatrix}
6 & -2 & 2 & 4 \\
0 & -4 & 2 & 2 \\
0 & 0 & 2 & -5 \\
0 & 0 & 0 & -3
\end{pmatrix}
$$

のように分解される．

右辺左側のマトリクスは，行変換を施すときの係数によって作られたマトリクス L で，右側のマトリクスは，すべての行変換が行われた後に A が変換されてできあがったマトリクス U になっており，マトリクス A が L と U に分解されていることを示す．

さて，これまでは，A を下三角マトリクスと上三角マトリクスに分解することを示したが，A を下三角マトリクスに変換する手続き L_k の l_{ik} を，

$$
l_{ik} =
\begin{cases}
\dfrac{a_{ik}^{(k)}}{a_{kk}^{(k)}} & , \quad i \geq k+1 \\[2ex]
1 & , \quad i = k \\[1ex]
\dfrac{a_{ik}^{(k)}}{a_{kk}^{(k)}} & , \quad i \leq k-1 \qquad (a_{kk}^{(k)} \neq 0)
\end{cases}
$$

のように，上三角マトリクスにまで拡張し，変換 L_k を変換 B_k に変更すると，A は単位マトリクス I に変換されていく．このときの変換マトリクス B_k と，変換された A は，

$$
B_k =
\begin{pmatrix}
1 & \cdots & & -l_{1,k} & & \\
0 & \cdots & & 1 & 0 & \\
0 & 0 & & -l_{k+1,k} & 1 & \\
\vdots & \vdots & & \vdots & \vdots & \ddots \\
0 & 0 & & -l_{n,k} & \cdots & \cdots & 1
\end{pmatrix},
$$

$$B_k A'_{(k)} = \begin{pmatrix} a_{11}^{(k)} & 0 & \cdots & a_{1n}^{(k)} \\ 0 & a_{22}^{(k)} & \cdots & a_{2n}^{(k)} \\ \vdots & 0 & \ddots & \vdots \\ \vdots & \vdots & \ddots & \vdots \\ 0 & 0 & \cdots & a_{nn}^{(k)} \end{pmatrix} = A'_{(k+1)}$$

になる．そこで，

$$B_n = \begin{pmatrix} \frac{1}{a_{11}^{(1)}} & & & \\ 0 & \frac{1}{a_{22}^{(2)}} & & 0 \\ \vdots & \vdots & \ddots & \\ 0 & 0 & \cdots & \frac{1}{a_{nn}^{(n)}} \end{pmatrix} \quad (a_{kk}^{(k)} \neq 0)$$

として，A による変換後，変換

$$B = B_n B_{n-1} B_{n-2} \cdots B_2 B_1$$

によって変換を行うと，$BA = I$ になるので，A の逆マトリクスを B によって求めることができる．

A.1.3　固有値と固有ベクトル

　ここでは，正方マトリクスにおける固有値と固有ベクトルについて説明する．また，直交マトリクスを用いたマトリクス分解について説明する．

ベクトルのノルム

　定義域 $\mathbb{R}^n$ と値域 $\mathbb{R}^n$ が同じときの線形変換 f に対応する $n \times n$ の正方マトリクスを A としよう．マトリクスは線形写像になっているので，このことを $A \in L(\mathbb{R}^{n \times n})$ と表現することにした．

　$\mathbb{R}^n$ の中のあるベクトル $\boldsymbol{x}$ が線形変換によって $\boldsymbol{y}$ に写ったとしよう．$\boldsymbol{y} = f(\boldsymbol{x})$，つまり，$A\boldsymbol{x} = \boldsymbol{y}$ である．$\boldsymbol{x}$ が $\mathbb{R}^n$ の中をすべて動き回ったとき，$\boldsymbol{y}$ はどのように動くかを考えてみる．

　実際には，$\boldsymbol{x}$ は $\mathbb{R}^n$ の中をすべて動き回らなくても，f には線形性があるので，大きさ 1 のベクトルの動きがわかっていれば必要十分である．ここでベク

トルの大きさを表すのにノルム $||\cdot||$ を使うとすると，大きさ 1 のベクトル $\boldsymbol{x}$ は $||\boldsymbol{x}|| = 1$ と書ける．すると，$\boldsymbol{x} = k\boldsymbol{u}$（ただし，$||\boldsymbol{u}|| = 1$）のとき，$f(\boldsymbol{x}) = f(k\boldsymbol{u}) = k\boldsymbol{v}$ となる．ただし，$f(\boldsymbol{u}) = \boldsymbol{v}$ とする．

$\mathbb{R}^n$ 上のベクトルに使われるノルム $||\cdot||$ には，次の定義が成り立つとする．

定義 A.2（ベクトルのノルム）

1) $||\boldsymbol{x}|| \geq 0$
2) $||\boldsymbol{x}|| = 0 \Leftrightarrow \boldsymbol{x} = \boldsymbol{0}$
3) $||\lambda\boldsymbol{x}|| = |\lambda|\boldsymbol{x}$（$\lambda$ はスカラー）
4) $||\boldsymbol{x} + \boldsymbol{y}|| \leq ||\boldsymbol{x}|| + ||\boldsymbol{y}||$

よく使う代表的なノルムは，次の

l_1 ノルム $\quad ||\boldsymbol{x}||_1 = \sum_i |x_i|$ （マンハッタン距離[4]）

l_2 ノルム $\quad ||\boldsymbol{x}||_2 = \left(\sum_i |x_i|^2\right)^{1/2}$ （ユークリッド距離[5]）

l_p ノルム $\quad ||\boldsymbol{x}||_p = \left(\sum_i |x_i|^p\right)^{1/p}$

l_∞ ノルム $\quad ||\boldsymbol{x}||_\infty = \max_i |x_i|$

である．

図 A.1 に，$\mathbb{R}^2$ における，大きさ 1 の l_1, l_2, l_∞ ノルムを示す．

ここで，ベクトルのノルム間で成り立つ 1 つの定理を述べておく．この定理は，あるノルムで成立する事柄が他のノルムでも成立することを保証するものであり有用である．

定理 A.2（ノルムの同値性）

$||\cdot||$，$||\cdot||'$ を有限次元での任意のノルムとする．このとき，次が成り立つ．

ある $c_2 \geq c_1 > 0$ をとると，すべての x に対して $c_1||x|| \leq ||x||' \leq c_2||x||$ が成り立つ．

通常，機械学習などの最適化には最小 2 乗法が用いられているように，l_2 ノ

---

[4]マンハッタンのように，格子状に張り巡らされた道路を使って，ある点から別の点に移動するときの最短距離．

[5]例えば，2 次元では，地図の上で，ある点と別の点の間の直線最短距離．

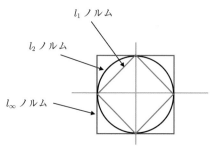

図 A.1　ベクトルのノルム（$n = 2$ のときのノルムの値が 1 となる集合）

ルムはいろいろな場面でよく用いられる．l_2 ノルムは（微分できるなど）数学的に操作性が簡単になることがその理由であるが，後述のマトリクスのノルムの計算では l_2 ノルム以外のノルムを用いた方が計算が簡単なこともある．また，収束などを調べるときには，3 つのノルムのうちどれかで成立する性質のものは他でも成立するため，この定理は重宝される．

固有値と固有ベクトル

　さて，例えば，l_2 ノルムを使う場合で，ベクトルの次元 n が 2 の場合，$||x||_2 = 1$ ということは x は半径 1 の円周上にあるということになる．この x の線形変換後の y は x と異なる方向を示していたり，大きさが異なっていたりする．しかし，ある線形変換の場合には，ある x に対して変換後も全く方向を変えないような y になることがある．つまり，

$$Ax = \lambda x \tag{A.19}$$

になることがある．ここに，λ はスカラーである．このようなベクトルを固有ベクトル，対応するスカラーを固有値と呼ぶ．

　λ が A の固有値であるとき，

$$(A - \lambda I)x = 0 \tag{A.20}$$

となるが，$||x|| = 1$ としていたので，$A - \lambda I$ は正則でないことになり，これは $|A - \lambda I| = 0$（固有方程式）と同値である．この固有方程式は λ についての n 次方程式になっているので，（複素数も含めて）一般に n 個の解が存在する．そこで，$A \in L(\mathbb{R}^{n \times n})$ における n 個の固有値を $\lambda_1, \lambda_2, \ldots, \lambda_n$ とすることができる．

固有値 λ_i に対応する固有ベクトルが存在して，それを $\boldsymbol{x}_i$ とし，固有ベクトル $\boldsymbol{x}_1, \boldsymbol{x}_2, \ldots, \boldsymbol{x}_n$ を横に並べてできるマトリクス P にマトリクス A を左からかけると，

$$AP = A(\boldsymbol{x}_1 \ \boldsymbol{x}_2 \ \cdots \ \boldsymbol{x}_n) = (\lambda_1 \boldsymbol{x}_1 \ \lambda_2 \boldsymbol{x}_2 \ \cdots \ \lambda_n \boldsymbol{x}_n) \tag{A.21}$$

$$= (\boldsymbol{x}_1 \ \boldsymbol{x}_2 \ \cdots \ \boldsymbol{x}_n) \begin{pmatrix} \lambda_1 & 0 & \cdots & 0 \\ 0 & \lambda_2 & \cdots & 0 \\ \vdots & \vdots & \ddots & \vdots \\ 0 & 0 & \cdots & \lambda_n \end{pmatrix} = P\Lambda \tag{A.22}$$

が得られる．Λ は対角マトリクスである．$\boldsymbol{x}_1, \boldsymbol{x}_2, \ldots, \boldsymbol{x}_n$ が 1 次独立であれば P は正則になり逆マトリクス P^{-1} が存在して，

$$P^{-1}AP = \Lambda \tag{A.23}$$

となる．

　特に，マトリクス A が対称マトリクス（$a_{ij} = a_{ji}$，あるいは $A^\mathsf{T} = A$）である場合，固有値は実数になる．また，互いに異なる固有値に対する固有ベクトルは直交する．なぜなら，異なる固有値を λ, μ，対応する固有ベクトルを $\boldsymbol{x}, \boldsymbol{y}$ とするとき，

$$\lambda \boldsymbol{x} \cdot \boldsymbol{y} = A\boldsymbol{x} \cdot \boldsymbol{y} = (A\boldsymbol{x})^\mathsf{T} \boldsymbol{y} = (\boldsymbol{x}^\mathsf{T} A^\mathsf{T})\boldsymbol{y} = \boldsymbol{x}^\mathsf{T}(A^\mathsf{T})\boldsymbol{y}$$
$$= \boldsymbol{x} \cdot A^\mathsf{T} \boldsymbol{y} = \boldsymbol{x} \cdot A\boldsymbol{y} = \boldsymbol{x} \cdot \mu \boldsymbol{y} = \mu \boldsymbol{x} \cdot \boldsymbol{y} \tag{A.24}$$

より，$(\lambda - \mu)\boldsymbol{x} \cdot \boldsymbol{y} = 0$ となり，$\lambda \neq \mu$ だったので，$\boldsymbol{x} \cdot \boldsymbol{y} = 0$ となるからである．ここで，$\boldsymbol{x} \cdot \boldsymbol{y}$ は $\boldsymbol{x}$ と $\boldsymbol{y}$ の内積とした．つまり，マトリクス A が対称マトリクスの場合，固有ベクトルから作られるマトリクス P は直交マトリクスになる．固有ベクトルの大きさを 1 にしたときの直交マトリクス T は，正規直交マトリクスとよばれる．このとき，

$$A = T\Lambda T^{-1} = T\Lambda T^\mathsf{T} \tag{A.25}$$

である．このことは，ベクトル $\boldsymbol{x} \in \mathbb{R}^n$ がマトリクス A によってベクトル $\boldsymbol{y} \in \mathbb{R}^n$ に写るとき，$\boldsymbol{x}$ は，はじめにマトリクス $T^\mathsf{T} = T^{-1}$ によってベクトル $\boldsymbol{x}' \in \mathbb{R}^n$ に写り，それがマトリクス Λ によってベクトル $\boldsymbol{x}'' \in \mathbb{R}^n$ に写り，さらにマ

トリクス T によってベクトル $\boldsymbol{y} \in \mathbb{R}^n$ に写っていることを示している.

例えば,

$$A = \begin{pmatrix} 2 & 1 \\ 1 & 2 \end{pmatrix} \tag{A.26}$$

のとき, 固有値は $\lambda = 3, 1$ で, 対応する固有ベクトルはそれぞれ $(1/\sqrt{2}, 1/\sqrt{2})^\mathsf{T}$, $(-1/\sqrt{2}, 1/\sqrt{2})^\mathsf{T}$ であるから,

$$T = \begin{pmatrix} 1/\sqrt{2} & -1/\sqrt{2} \\ 1/\sqrt{2} & 1/\sqrt{2} \end{pmatrix} \tag{A.27}$$

となり, これは,

$$\begin{pmatrix} \cos\frac{\pi}{4} & -\sin\frac{\pi}{4} \\ \sin\frac{\pi}{4} & \cos\frac{\pi}{4} \end{pmatrix} \tag{A.28}$$

に等しい. 特に, ノルムの大きさが 1 の固有ベクトルは, マトリクス T^T によって基底ベクトルに回転し（なぜなら, 基底ベクトルのマトリクス変換は変換マトリクスの列になっていたため）, そこで基底ベクトル方向に固有値の大きさの引き伸ばし（収縮）を行い, さらにマトリクス T によってもとに戻す回転をさせるということになっている. 固有ベクトル以外のベクトルでは, 回転した後の方向は基底ベクトル方向になっていないので, 固有値分の引き伸ばし（収縮）は一方向だけに限らなくなる. 図 A.2 に, このことが行われている様子を示す. 図で, ρ は固有値の絶対値の最大値を表し, スペクトルと呼んでいる.

さらに, マトリクス A が半正定値マトリクス（$\boldsymbol{x}^\mathsf{T} A\boldsymbol{x} \geq 0 \ (\boldsymbol{x} \neq 0)$）の場合, すべての固有値は非負の値をとる. なぜなら, 固有値を $\boldsymbol{x}$, 固有ベクトルを λ とするとき, $\boldsymbol{x}^\mathsf{T} A\boldsymbol{x} \geq 0$, つまり, $\boldsymbol{x} \cdot (A\boldsymbol{x}) \geq 0$ であるから,

$$\boldsymbol{x} \cdot (A\boldsymbol{x}) = \boldsymbol{x} \cdot (\lambda\boldsymbol{x}) = \lambda(\boldsymbol{x} \cdot \boldsymbol{x}) = \lambda ||\boldsymbol{x}||^2 > 0 \geq 0$$

となり, これから $\lambda \geq 0$ が得られる.

マトリクスのノルム

以上のようなことから, マトリクス A が対称マトリクスのとき固有値は実数であったり, 半正定値マトリクスのとき固有値は非負の値をとるので, 固有値

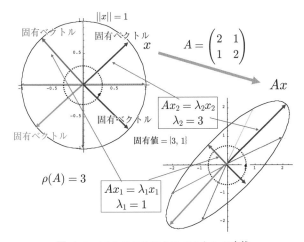

$$A = \begin{pmatrix} 2 & 1 \\ 1 & 2 \end{pmatrix}$$

図 A.2 マトリクスによるベクトルの変換

が把握できていれば，線形変換されたベクトルの動きをおおよそとらえることができる．このことを，おおよそではなく，もっと正確に把握するために，ここでマトリクス A のノルムを導入しよう．

定義 A.3（マトリクスのスペクトラムノルム）
マトリクス A のノルム $||A||$ を次で定義する．

$$||A|| = \sup_{\boldsymbol{x} \neq 0} \frac{||A\boldsymbol{x}||}{||\boldsymbol{x}||} = \sup_{||\boldsymbol{x}||=1} ||A\boldsymbol{x}||$$

こうすると，マトリクスのノルムはベクトルのノルムの定義（ベクトルのノルムの定義 A.2）を満たし，さらに，

$$||AB|| \leq ||A|| \cdot ||B||$$

も成立する．これを，スペクトラムノルムと呼ぶ．

一方，機械学習分野でよく用いられるフローベニウスのマトリクスノルムは次で定義される．

定義 A.4（マトリクスのフローベニウスノルム）
マトリクス A のフローベニウスノルム $||A||_F$ を次で定義する．

$$||A||_F = \left(\sum_i \sum_j a_{ij}^2 \right)^{1/2}$$

よく使う代表的なマトリクスのノルムでは，次のことが成り立つ.

定理 A.3 （マトリクスの l_1 ノルムと l_∞ ノルム）

$$||A||_\infty = \max_{||\boldsymbol{x}||_\infty = 1} ||Ax||_\infty = \max_{1 \le i \le n} \sum_{j=1}^{n} |a_{ij}|$$

$$||A||_1 = \max_{||\boldsymbol{x}||_1 = 1} ||Ax||_1 = \max_{1 \le j \le n} \sum_{i=1}^{n} |a_{ij}| \tag{A.29}$$

この定理は，l_2 ノルムの評価が困難なとき，マトリクスの要素の大きさだけでノルム評価できる l_1 ノルムや l_∞ ノルムを使うときに有用である．このとき，ノルム間の同値性の定理が背景にある．

また，

$$||A||_2 \le \sqrt{||A||_1 \cdot ||A||_\infty}$$

も成立する.

さて，図 A.3 に，$\mathbb{R}^2$ での大きさ 1 のベクトル $\boldsymbol{x}$ が，マトリクス $A = ((3,1)^\mathsf{T}, (2,2)^\mathsf{T})$ によって，$\mathbb{R}^2$ での $\boldsymbol{y} = Ax$ に写った様子を示す．また，図には，l_1 ノルム，l_∞ ノルムの場合の変換前後の様子も示している．

図を見ると，この場合，l_2 ノルムで表した $||\boldsymbol{x}|| = 1$ の円周が変換後は楕円周上に写っていることがわかる．また，ノルムの指定によって，変換前の $||\boldsymbol{x}|| = 1$ の軌跡が変換後にどのように変化しているかがわかる．

注意したいのは，固有ベクトルは変換前後で同じ方向に示されているが，変換後の楕円周上では楕円の軸上には乗っていないことである．マトリクス A が対称であるときは，固有ベクトルの方向は楕円の長軸と短軸の方向と一致するが，対称でないときはそのようにはならない．また，A が回転マトリクス $((\cos\theta, \sin\theta)^\mathsf{T}, (-\sin\theta, \cos\theta)^\mathsf{T})$ など，マトリクスによっては実数の固有値や実数の固有ベクトルが存在しない場合もある．

マトリクス A が対称半正定値マトリクスのとき固有値は非負の値となり，固有値の最大値が A のノルムになっている．つまり，ベクトル $\boldsymbol{x}$ が線形変換 f

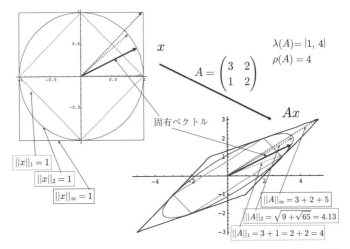

図 A.3 さまざまなノルムのもとでのマトリクスによるベクトルの変換

によって y に写ったとき，変換されたベクトルがもとのベクトルから伸びたときの最大値を，マトリクス A のノルムが表していることになる．これによって，y の挙動を把握することができる．

さて，マトリクス A が正方マトリクスではなく，一般の $m \times n$ マトリクス A の場合にも，固有値と固有ベクトルのような，写像の大きさなどをおおまかにとらえることのできるものがあれば都合がよい．そこで，A に転置マトリクスをかけた $A^\mathsf{T} A$ を作れば，それが対称マトリクスになることを利用してみる．そうすると，その固有値と固有ベクトル，またマトリクスのノルムを求めることができる．さらに，直交マトリクスによる分解ができる．このようにして，正方マトリクスではない一般のマトリクスから対称半正定値マトリクスを構成し，疑似的に固有値と固有ベクトルの役割を果たすものを求めることができる．この方法を次に述べる．

A.1.4 特異値と特異値分解
固有値から特異値へ

A を $m \times n$ マトリクスとする．このとき，$A^\mathsf{T} A$ は $n \times n$ 対称マトリクスに，$A A^\mathsf{T}$ は $m \times m$ 対称マトリクスになる．また，$A^\mathsf{T} A$ と $A A^\mathsf{T}$ の固有値（または固有ベクトル）が存在するとき，両者の固有値，固有ベクトルは同じになる．

$A^\mathsf{T} A$ に対して，

$$A^\mathsf{T} A\boldsymbol{v} = \xi\boldsymbol{v}$$

となるような固有値 ξ と固有ベクトル $\boldsymbol{v}$ が存在するとき，それらの固有ベクトル $\{\boldsymbol{v}_1, \boldsymbol{v}_2, \dots, \boldsymbol{v}_n\}$ を，$\boldsymbol{v}_i \cdot \boldsymbol{v}_j = \delta_{ij}$ のように正規直交ベクトルにとることができる．ここに，δ_{ij} はクロネッカーのデルタである．

$\xi_i = \boldsymbol{v}_i \cdot (A^\mathsf{T} A\boldsymbol{v}_i)$ であるから，

$$\boldsymbol{v}_i \cdot (A^\mathsf{T} A\boldsymbol{v}_i) = (A\boldsymbol{v}_i) \cdot (A\boldsymbol{v}_i) = ||A\boldsymbol{v}_i||^2 \geq 0$$

より，固有値は非負である．そこで，r を $A^\mathsf{T} A$ のランク $(r = \mathrm{rank}(A^\mathsf{T} A))$ とすれば，$\xi_1 \geq \xi_2 \geq \cdots \geq \xi_r > 0$ のように ξ_i を並べ替えることができる．ここで，$\xi_{r+1} = 0, \dots, \xi_n = 0$ としておく．

ベクトル $\boldsymbol{u}_i$ $(1 \leq i \leq r)$ を

$$\boldsymbol{u}_i = \frac{1}{\sqrt{\xi_i}} A\boldsymbol{v}_i = \frac{1}{\sigma_i} A\boldsymbol{v}_i$$

とおく．このとき，

$$\boldsymbol{v}_i = \frac{1}{\sqrt{\xi_i}} A^\mathsf{T}\boldsymbol{u}_i = \frac{1}{\sigma_i} A^\mathsf{T}\boldsymbol{u}_i$$

でもある．

$$\boldsymbol{u}_i \cdot \boldsymbol{u}_j = \boldsymbol{u}_i^\mathsf{T}\boldsymbol{u}_j = \frac{1}{\sigma_i}\boldsymbol{v}_i^\mathsf{T} A^\mathsf{T} \frac{1}{\sigma_j} A\boldsymbol{v}_j = \frac{\xi_j}{\sigma_i \sigma_j}\boldsymbol{v}_i^\mathsf{T}\boldsymbol{v}_j = \frac{\sigma_j}{\sigma_i}\boldsymbol{v}_i \cdot \boldsymbol{v}_j = \delta_{ij}$$

となるので，これらのベクトルを含めた正規直交ベクトル $\{\boldsymbol{u}_1, \boldsymbol{u}_2, \dots, \boldsymbol{u}_r, \boldsymbol{u}_{r+1}, \dots, \boldsymbol{u}_m\}$ を構成することができる．

これらの $\boldsymbol{u}_i$，$\boldsymbol{v}_j$ から作られるマトリクス $U = (\boldsymbol{u}_i)$ と $V = (\boldsymbol{v}_j)$ を用い，$U^\mathsf{T} AV$ を作る．ここで，$\xi_{r+1} = \cdots = \xi_n = 0$ なので，$A\boldsymbol{v}_{r+1} = \cdots = A\boldsymbol{v}_n = 0$，また，$i = r+1, \dots, m$ で，$j = 1, \dots, r$ に対して，$\boldsymbol{u}_i^\mathsf{T} A\boldsymbol{v}_j = \boldsymbol{u}_i^\mathsf{T}\sigma_j\boldsymbol{u}_j = \sigma_j\boldsymbol{u}_i \cdot \boldsymbol{u}_j = 0$ $(i \neq j)$，$\boldsymbol{u}_i^\mathsf{T}\boldsymbol{u}_i = 1$ となるので，$U^\mathsf{T} AV$ は，

$$
U^\mathsf{T}AV = \begin{pmatrix}
\boldsymbol{u}_1^\mathsf{T}A\boldsymbol{v}_1 & \boldsymbol{u}_1^\mathsf{T}A\boldsymbol{v}_2 & \cdots & \boldsymbol{u}_1^\mathsf{T}A\boldsymbol{v}_n \\
\boldsymbol{u}_2^\mathsf{T}A\boldsymbol{v}_1 & \boldsymbol{u}_2^\mathsf{T}A\boldsymbol{v}_2 & \cdots & \boldsymbol{u}_2^\mathsf{T}A\boldsymbol{v}_n \\
\vdots & \vdots & \ddots & \vdots \\
\boldsymbol{u}_m^\mathsf{T}A\boldsymbol{v}_1 & \boldsymbol{u}_m^\mathsf{T}A\boldsymbol{v}_2 & \cdots & \boldsymbol{u}_m^\mathsf{T}A\boldsymbol{v}_n
\end{pmatrix}
$$

$$
= \begin{pmatrix}
\boldsymbol{u}_1^\mathsf{T}\sigma_1\boldsymbol{u}_1 & \boldsymbol{u}_1^\mathsf{T}\sigma_2\boldsymbol{u}_2 & \cdots & \boldsymbol{u}_1^\mathsf{T}\sigma_n\boldsymbol{u}_n \\
\boldsymbol{u}_2^\mathsf{T}\sigma_1\boldsymbol{u}_1 & \boldsymbol{u}_2^\mathsf{T}\sigma_2\boldsymbol{u}_2 & \cdots & \boldsymbol{u}_2^\mathsf{T}\sigma_n\boldsymbol{u}_n \\
\vdots & \vdots & \ddots & \vdots \\
\boldsymbol{u}_m^\mathsf{T}\sigma_1\boldsymbol{u}_1 & \boldsymbol{u}_m^\mathsf{T}\sigma_1\boldsymbol{u}_2 & \cdots & \boldsymbol{u}_m^\mathsf{T}\sigma_n\boldsymbol{u}_n
\end{pmatrix} \tag{A.30}
$$

を作ることができ，これから，

$$
U^\mathsf{T}AV = \begin{pmatrix}
\sigma_1 & 0 & \cdots & 0 & 0 & \cdots & 0 \\
0 & \sigma_2 & \cdots & 0 & 0 & \cdots & 0 \\
\vdots & \vdots & \ddots & \vdots & \vdots & \ddots & \vdots \\
0 & 0 & \cdots & \sigma_r & 0 & \cdots & 0 \\
\vdots & \vdots & \ddots & \vdots & \vdots & \ddots & \vdots \\
0 & 0 & \cdots & 0 & 0 & \cdots & 0
\end{pmatrix} = \Sigma
$$

が得られる．この $U^\mathsf{T}AV = \Sigma$ に，左右から U と V^T をかけると，$UU^\mathsf{T}AVV^\mathsf{T} = U\Sigma V^\mathsf{T}$ となり，U と V は直交マトリクスであることから，結局，

$$
A = U\Sigma V^\mathsf{T}
$$

と書き表せることがわかる．これを特異値分解という．また，

$$
U = (\boldsymbol{u}_1, \boldsymbol{u}_2, \ldots, \boldsymbol{u}_r, \boldsymbol{u}_{r+1}, \ldots, \boldsymbol{u}_m),
$$
$$
V^\mathsf{T} = (\boldsymbol{v}_1, \boldsymbol{v}_2, \ldots, \boldsymbol{v}_r, \boldsymbol{v}_{r+1}, \ldots, \boldsymbol{v}_n)^\mathsf{T} \tag{A.31}
$$

であるから，特異値分解は，

$$
A = \sum_{l=1}^{r} \sigma_l \boldsymbol{u}_l \boldsymbol{v}_l^\mathsf{T}
$$

とも表現できる．これまでは，$A^\mathsf{T}A$ を用いた特異値分解について説明したが，

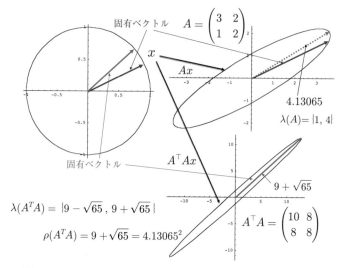

図 A.4 マトリクス A によるベクトルの変換と $A^\mathsf{T}A$ による変換

AA^T を用いた特異値分解についても同様で，$m \times m$ 対称マトリクスを取り扱うことになる．

図 A.4 に，先の例で示したマトリクス $A = ((3,1)^\mathsf{T}, (2,2)^\mathsf{T})$ から $A^\mathsf{T}A$ を作り，もとの A の固有ベクトルに加えて，$A^\mathsf{T}A$ の固有ベクトルも示している．$A^\mathsf{T}A$ によって変換された $\mathbb{R}^n$ での単位円（l_2 ノルムの大きさが 1）は変換された先で楕円になっており，2 つの長径が固有値に対応し，その平方根が特異値になっていることを示す．

特異値分解の意義

A の特異値分解 $A = \sum_{l=1}^{r} \sigma_l \boldsymbol{u}_l \boldsymbol{v}_l^\mathsf{T}$ に対して，$A_k = \sum_{l=1}^{k} \sigma_l \boldsymbol{u}_l \boldsymbol{v}_l^\mathsf{T}$ を作る．ただし，$1 \le k < r$ である．このとき，次の定理が成り立つことがわかっている．

$\boxed{\text{定理 A.4}}$（Eckart-Young の最良近似定理）[47]

1) $\mathrm{rank}(A_k) = k$ である．

2) $\mathrm{rank}(B) \le k$ であるような $m \times n$ マトリクス B に対して，

$$||A - A_k|| = \min_{B, \text{rank}(B) \le k} ||A - B|| = \sigma_{k+1}, \quad \text{あるいは}$$

$$||A - A_k||_F = \min_{B, \text{rank}(B) \le k} ||A - B||_F = \sum_{l=k+1}^{n} \sigma_l^2 \tag{A.32}$$

が成り立つ.

【証明】 $||A|| = \sigma_1$ である. $||A - \sigma_1 \boldsymbol{u}_1 \boldsymbol{v}_1^{\mathsf{T}}|| = \sigma_2$ であり, ランク１のマトリクスでマトリクス A に最も近いものは $\sigma_1 \boldsymbol{u}_1 \boldsymbol{v}_1^{\mathsf{T}}$ になる. $A - \sigma_1 \boldsymbol{u}_1 \boldsymbol{v}_1^{\mathsf{T}}$ は特異値 $\sigma_2 \ge \sigma_3 \ge \cdots \ge \sigma_r$ を持つというように, これを続けていくと, $A_k = \sum_{l=1}^{k} \sigma_l \boldsymbol{u}_l \boldsymbol{v}_l^{\mathsf{T}}$ のランクは k になる.

$||A|| = \sigma_1$, $||A - A_k|| = \sigma_{k+1}$ なので, もし, X と Y が k 個の列ベクトルを持つマトリクスで, $B_k = XY^{\mathsf{T}}$ ならば, $||A - A_k|| = \sigma_{k+1} \le ||A - B_k||$ を示せばよい. Y は k 個の列ベクトルを持つマトリクスなので, V の最初の $k+1$ 個の列ベクトルを使って自明でない $\boldsymbol{w} = \gamma_1 \boldsymbol{v}_1 + \cdots + \gamma_{k+1} \boldsymbol{v}_{k+1}$ で $Y^{\mathsf{T}} \boldsymbol{w} = 0$ となるものがある. $||\boldsymbol{w}|| = 1$ にとると, $||A - B_k|| \ge ||(A - B_k)\boldsymbol{w}|| = ||A\boldsymbol{w}|| = \sum_{l=1}^{k+1} \gamma_l^2 \sigma_l^2 \ge \sigma_{k+1}^2$ である.

フローベニウスのマトリクスノルムの場合, $||A - A_k||_F^2 = ||\sum_{i=k+1}^{n} \sigma_l \boldsymbol{u}_l \boldsymbol{v}_l^{\mathsf{T}}||_F^2$ から直接導くことができる. □

このことは, A_k が A のランク k 以下のマトリクスによる最良近似となっていることを示している. 特異値は $\sigma_1 > \sigma_2 > \cdots > \sigma_r > 0, \sigma_{r+1} = 0, \ldots, \sigma_n$ (あるいは σ_m) $= 0$ としていたので, k を増やすごとに近似は良くなっていくが, A の特徴をうまくとらえられるような k は (r と比べて) 比較的小さくとることができることを示している. この定理は, データサイエンスの中でも特に重要なものになっている.

特異値分解の線形写像からの解釈と働き

A が $U\Sigma V^{\mathsf{T}}$ に特異値分解されているとき, $\mathbb{R}^n$ で定義されたベクトル $\boldsymbol{x}$ を A によって線形写像することは, $\boldsymbol{x}$ を特異値分解された A の３つの線形写像を連続して行っていることになる. このとき, Σ を決める k 個の主要な $\{\sigma_i\}$, $i \le k$ によって再構成された Σ' を使った線形写像は, もとの Σ を使った線形写像に近似的に同等な働きをすることになる.

　したがって，このような近似線形写像は複雑な写像を簡単な写像で置き換えても結果があまり変わらないようにできる性質を持つ可能性を示している．例えば，画像のモノクローム濃淡画素値をマトリクスの要素の値としたとき，このマトリクスを特異値分解して，特異値の大きなものを使ってマトリクスを再構成したときの近似マトリクスを画像に戻すことで，効果的な画像圧縮を図ることができる．

A.2　回帰と分類

　モデルベースに限らず，推薦システムの中でのさまざまな手法には，従来から用いられてきた統計的手法が多く含まれている．回帰や分類はその代表的な手法である．また，決定木など，分類は統計的側面だけでなく機械学習からの応用も含まれる．ここではそれらの方法について簡単にその内容を述べておく．

A.2.1　線形回帰

　興味ある確率変数の値 y が変数 x によってコントロールされて決まる，つまり，

$$y = f(x) \tag{A.33}$$

の関係にある場合を考える．x と y が対になって観測されるとき，f を推定しておいて，新しい x に対応する y を予測したいことは多い．特に f が線形関係で表されるときの推測を線形予測という．x を説明変数，あるいは独立変数，y を目的変数，あるいは従属変数と呼ぶ．

　x が 1 次元のとき，回帰式は

$$y = \beta_0 + \beta_1 x \tag{A.34}$$

と表され，単回帰と呼ばれる．x が多次元になると，回帰式は，p 次元の説明変数 $\boldsymbol{x} = (x_1, x_2, \ldots, x_p)^\mathsf{T}$ に対して目的変数 y がどのように応答するかを，変換

$$y = \beta_0 + \beta_1 x_1 + \cdots + \beta_p x_p \tag{A.35}$$

で表した形になる．これを，線形重回帰と呼ぶ．

　線形回帰が，（線形代数で取り扱う）線形変換と異なるところは，定数 β_0 の

項が加わっていることと，y の応答に確率的な誤差 ε が加わるという形になっていることである．定数項については，平行移動によって線形変換と同じような形にすることができる．

この表現からわかるように，線形回帰では，確率的な変動をともなわない変数 $\boldsymbol{x}$ に対して関数 f を対応させた結果 ($y = f(\boldsymbol{x})$) に確率的変動 ε を加えたものになっている．また，通常，観測数 n は次元 p よりも大きく，そのため，パラメータ $\boldsymbol{\beta} = (\beta_0, \beta_1, \ldots, \beta_p)^\mathsf{T}$ はある基準のもとで最もフィットすると思われるものを求めている．そのための基準には距離（ユークリッドノルム）がよく用いられている．これは，最小 2 乗法によって最適な数理モデルを求めるということを拠り所にしているからである．

回帰式のベクトル表現

観測値 $\{\boldsymbol{x}_i\}$，$\{y_i\}$ が n 個 ($i = 1, \ldots, n$) 得られたとする．このとき，

$$y_i = \beta_0 + \beta_1 x_{i1} + \cdots + \beta_p x_{ip} + \varepsilon_i, \ (i = 1, \ldots, n) \tag{A.36}$$

は，マトリクスとベクトルを使えば，

$$\boldsymbol{y} = X\boldsymbol{\beta} + \boldsymbol{\varepsilon} \tag{A.37}$$

と表現できる．ただし $\varepsilon_i \sim N(0, \sigma^2)$ である（$N(0, \sigma^2)$ は平均 0，分散 σ^2 の正規分布）．また，$\boldsymbol{\varepsilon} = (\varepsilon_1, \varepsilon_2, \ldots, \varepsilon_n)^\mathsf{T}$ である．ここで，観測値 $\{\boldsymbol{x}_i\}$ は $\{\boldsymbol{x}_i\} = \{(x_{1i}, x_{2i}, \ldots, x_{pi})^\mathsf{T}\}$ であるが，β_0 の定数項も 1 としてマトリクス X に含め，$\{y_i\}$ をベクトル $\boldsymbol{y}$ で表し，パラメータ $\beta_0, \beta_1, \ldots, \beta_p$ をベクトル $\boldsymbol{\beta}$ で，誤差項をベクトル $\boldsymbol{\varepsilon}$ で表現している．

$$X = \begin{pmatrix} 1 & x_{11} & x_{12} & \cdots & x_{1p} \\ 1 & x_{21} & x_{22} & \cdots & x_{2p} \\ \vdots & \vdots & \vdots & \ddots & \vdots \\ 1 & x_{n1} & x_{n2} & \cdots & x_{np} \end{pmatrix},$$

$$\boldsymbol{y} = \begin{pmatrix} y_1 \\ y_2 \\ \vdots \\ y_n \end{pmatrix}, \boldsymbol{\varepsilon} = \begin{pmatrix} \varepsilon_1 \\ \varepsilon_2 \\ \vdots \\ \varepsilon_n \end{pmatrix}, \boldsymbol{\beta} = \begin{pmatrix} \beta_0 \\ \beta_1 \\ \vdots \\ \beta_p \end{pmatrix} \tag{A.38}$$

パラメータ β の推定

回帰モデル $\boldsymbol{y} = X\boldsymbol{\beta} + \boldsymbol{\varepsilon}$ に最もよくフィットする $\boldsymbol{\beta}$ を見つけるには，観測値 $\{\boldsymbol{x}_i\}$ と推定される $\hat{\boldsymbol{\beta}}$ を用いて，予測される $\{\hat{\boldsymbol{y}}_i\}$ と観測値 $\{\boldsymbol{y}_i\}$ との2乗誤差 $S(\boldsymbol{\beta})$ が最小になるようにする．このモデルパラメータの値とその推定値の間の2乗誤差 $S(\boldsymbol{\beta})$ は，

$$\begin{aligned} S(\boldsymbol{\beta}) &= \sum_{i=1}^{n} (y_i - \beta_0 - \beta_1 x_{i1} - \cdots - \beta_p x_{ip})^2 \\ &= (\boldsymbol{y} - X\boldsymbol{\beta})^{\mathsf{T}} (\boldsymbol{y} - X\boldsymbol{\beta}) \\ &= ||\boldsymbol{y} - X\boldsymbol{\beta}||^2 \end{aligned} \tag{A.39}$$

と書き表せる．ここで $||\cdot||$ はユークリッドノルムを表す．

パラメータ β の最適解は2乗誤差 $S(\boldsymbol{\beta})$ を最小にするような $\boldsymbol{\beta}$ であるが，S は下に凸な2次曲面なので最適解は S が極値をとる解と等しい．つまり，すべての j についての $\partial S / \partial \beta_j = 0$ の方程式を解けばよい．

最初に，マトリクス形式での S の微分を具体的に各 β_j で偏微分した形から求めてみよう．

$$\frac{\partial S}{\partial \beta_0} = -2 \sum_{i=1}^{n} 1 \cdot (y_i - \beta_0 - \beta_1 x_{i1} - \cdots - \beta_p x_{ip}),$$

$$\frac{\partial S}{\partial \beta_1} = -2 \sum_{i=1}^{n} x_{i1}(y_i - \beta_0 - \beta_1 x_{i1} - \cdots - \beta_p x_{ip}),$$

$$\vdots$$

$$\frac{\partial S}{\partial \beta_p} = -2 \sum_{i=1}^{n} x_{ip}(y_i - \beta_0 - \beta_1 x_{i1} - \cdots - \beta_p x_{ip}) \tag{A.40}$$

となっていることから，

$$\frac{\partial S}{\partial \boldsymbol{\beta}} = \begin{pmatrix} \partial S/\partial \beta_0 \\ \partial S/\partial \beta_1 \\ \vdots \\ \partial S/\partial \beta_p \end{pmatrix}$$

$$= -2 \begin{pmatrix} 1 & 1 & \cdots & 1 \\ x_{11} & x_{21} & \cdots & x_{n1} \\ \vdots & \vdots & \ddots & \vdots \\ x_{1p} & x_{2p} & \cdots & x_{np} \end{pmatrix} \begin{pmatrix} y_1 - \beta_0 - \beta_1 x_{11} - \cdots - \beta_p x_{1p} \\ y_2 - \beta_0 - \beta_1 x_{21} - \cdots - \beta_p x_{2p} \\ \vdots \\ y_n - \beta_0 - \beta_1 x_{n1} - \cdots - \beta_p x_{np} \end{pmatrix}$$

$$= -2X^{\mathsf{T}}(\boldsymbol{y} - X\boldsymbol{\beta}) \tag{A.41}$$

という形でマトリクス表現できることがわかる．そこで，ここからは $\partial S/\partial \boldsymbol{\beta} = \boldsymbol{0}$ となる $\hat{\boldsymbol{\beta}}$ を，方程式

$$X^{\mathsf{T}}(\boldsymbol{y} - X\hat{\boldsymbol{\beta}}) = \boldsymbol{0} \tag{A.42}$$

を形式的にマトリクスの演算を使って解くことができる．

　$X^{\mathsf{T}}\boldsymbol{y} = X^{\mathsf{T}}X\hat{\boldsymbol{\beta}}$ と移項したあと，左から両辺に $(X^{\mathsf{T}}X)^{-1}$ をかける[6]ことにより，

$$\hat{\boldsymbol{\beta}} = (X^{\mathsf{T}}X)^{-1}X^{\mathsf{T}}\boldsymbol{y} \tag{A.43}$$

と表すことができる．推定された $\hat{\boldsymbol{\beta}}$ を用いると，推定値 $\{\hat{y}_i\}$ は

---

[6]$X^{\mathsf{T}}X$ は，対称正定値マトリクスになるので，X がフルランクであれば正則になる．

$$\hat{\boldsymbol{y}} = X\hat{\boldsymbol{\beta}} = X(X^\mathsf{T}X)^{-1}X^\mathsf{T}\boldsymbol{y} \tag{A.44}$$

から求められる．$H = X(X^\mathsf{T}X)^{-1}X^\mathsf{T}$ を用いれば，

$$\hat{\boldsymbol{y}} = H\boldsymbol{y} \tag{A.45}$$

となる．ここに，H をハットマトリクスという．新しい $\{\boldsymbol{x}\}$ に対する y の予測値は $\hat{y} = \boldsymbol{x}\hat{\boldsymbol{\beta}}$ から求められる．

推定量 $\hat{\boldsymbol{\beta}}$ の分散

ここで，パラメータ $\boldsymbol{\beta}$ の推定量 $\hat{\boldsymbol{\beta}}$ の分散を求めてみよう．まず，次の定理が成り立つ．

定理 A.5

式 (A.43) から得られる線形回帰パラメータの推定量は不偏である．つまり，任意の $\boldsymbol{\beta}$ に対し $E[\hat{\boldsymbol{\beta}}] = \boldsymbol{\beta}$ である．

【証明】

$$\boldsymbol{y} = X\boldsymbol{\beta} + \boldsymbol{\varepsilon} \tag{A.46}$$

$$E[\boldsymbol{\varepsilon}] = 0 \tag{A.47}$$

なので

$$E[\boldsymbol{y}] = X\boldsymbol{\beta} \tag{A.48}$$

である．式 (A.43) の両辺の期待値をとると，$(X^\mathsf{T}X)^{-1}X^\mathsf{T}$ は確率変数ではなく定数であることから，

$$\begin{aligned}
E[\hat{\boldsymbol{\beta}}] &= E\left[(X^\mathsf{T}X)^{-1}X^\mathsf{T}\boldsymbol{y}\right] \\
&= (X^\mathsf{T}X)^{-1}X^\mathsf{T}E[\boldsymbol{y}] = (X^\mathsf{T}X)^{-1}X^\mathsf{T}X\boldsymbol{\beta} \\
&= \boldsymbol{\beta} \tag{A.49}
\end{aligned}$$

が成り立つ．つまり，推定値 $\hat{\boldsymbol{\beta}}$ は不偏推定量になっている．　　　　□

次に推定量 $\hat{\boldsymbol{\beta}}$ の分散については，以下の定理が成り立つ．

定理 A.6

$$Var[\hat{\boldsymbol{\beta}}] = \sigma^2 (X^\mathsf{T} X)^{-1} \tag{A.50}$$

が成立する.

【証明】

$$
\begin{aligned}
Var[\hat{\boldsymbol{\beta}}] &= Var\left[(X^\mathsf{T} X)^{-1} X^\mathsf{T} \boldsymbol{y}\right] \\
&= (X^\mathsf{T} X)^{-1} X^\mathsf{T} Var[\boldsymbol{y}] X((X^\mathsf{T} X)^{-1})^\mathsf{T} \\
&= \sigma^2 (X^\mathsf{T} X)^{-1} X^\mathsf{T} X (X^\mathsf{T} X)^{-1} \\
&= \sigma^2 (X^\mathsf{T} X)^{-1} \tag{A.51}
\end{aligned}
$$

となり，先ほどと同じ結果が得られる．ここで，2 行目から 3 行目に移る際には $X^\mathsf{T} X$ が対称マトリクスであることを利用している． □

　線形回帰モデルを幾何学的に解釈すれば，線形回帰は，$p+1$ 次元空間に位置する観測値を p 次元以下の空間に射影していると解釈される．

A.2.2　予測の安定化
正則化法
　$\hat{\boldsymbol{\beta}}$ を求める方法については機械学習分野との相互発展もあり，いくつかの典型的な方法が最近よく使われている．その 1 つは正則化法で最小 2 乗法で用いる残差平方和に正則化項を加えることで予測誤差を安定的に最小化しようとするものである．

　正則化項に l_2 ノルムの $\sum_{j=1}^{p} \beta_j^2$ を与えたものをリッジ (ridge) といい，このときの解は，

$$\boldsymbol{\beta}^{\mathrm{ridge}} = \arg\min_{\boldsymbol{\beta}} \left\{ \sum_{i=1}^{n} \left(y_i - \beta_0 - \sum_{j=1}^{p} x_{ij} \beta_j \right)^2 + \lambda \sum_{j=1}^{p} \beta_j^2 \right\} \tag{A.52}$$

で与えられる．λ をチューニングして最適な解を求める．これをベクトルとマトリクスで書き直すと，

$$\boldsymbol{\beta}^{\mathrm{ridge}} = (X^\mathsf{T} X + \lambda I)^{-1} X^\mathsf{T} \mathbf{y}, \ (\lambda > 0) \tag{A.53}$$

となり，マトリクス $X^\mathsf{T}X$ の正則化が行われていることがわかる.

　また，l_1 ノルムでの正則化項，$\sum_{j=1}^{p} |\boldsymbol{\beta}_j|$ を与えたものをラッソー (lasso) といい，このときの解は，

$$\boldsymbol{\beta}^{\mathrm{lasso}} = \arg\min_{\boldsymbol{\beta}} \left\{ \sum_{i=1}^{n} \left(y_i - \boldsymbol{\beta}_0 - \sum_{j=1}^{p} x_{ij}\boldsymbol{\beta}_j \right)^2 + \lambda \sum_{j=1}^{p} |\boldsymbol{\beta}_j| \right\} \quad \text{(A.54)}$$

となる. この形はリッジと異なり非線形になり，リッジのような形式的な解は得られないので計算機を使って 2 次計画問題を解くことになる. ラッソーでは重要な働きをしないパラメータは 0 に縮退してしまうので，次元縮小には有効である. さらに，l_q ノルムでの一般形での解は，

$$\boldsymbol{\beta}^{\mathrm{norm}\text{-}q} = \arg\min_{\boldsymbol{\beta}} \left\{ \sum_{i=1}^{n} \left(y_i - \boldsymbol{\beta}_0 - \sum_{j=1}^{p} x_{ij}\boldsymbol{\beta}_j \right)^2 + \lambda \sum_{j=1}^{p} |\boldsymbol{\beta}_j|^q \right\} \quad \text{(A.55)}$$

で与えられる.

　また，リッジとラッソーの 1 次結合であるエラスティックネット (elastic net) も使われていて，その解は

$$\begin{aligned}
\boldsymbol{\beta}^{\mathrm{elastic}} = \arg\min_{\boldsymbol{\beta}} \Bigg\{ &\sum_{i=1}^{n} \left(y_i - \beta_0 - \sum_{j=1}^{p} x_{ij}\beta_j \right)^2 \\
&+ \lambda \left[\alpha \sum_{j=1}^{p} \beta_j^2 + (1-\alpha) \sum_{j=1}^{p} |\beta_j| \right] \Bigg\}
\end{aligned} \quad \text{(A.56)}$$

の形になる.

A.2.3　分類

　回帰では，説明変数（独立変数）を x，目的変数（従属変数）を y とするとき，x と y の間には，

$$y = f(x) \quad \text{(A.57)}$$

の対応関係があり，y は連続値であった. 分類では，この y の値がカテゴリー，あるいは離散値になる. したがって，基本的には，分類も回帰も同じような式になるので，処理する内容も同じようになる. 回帰では，観測された x と y のデータセットから，新しい x にはどのような y の（連続）値が対応するか，分

類では，観測された x と y のデータセットから，新しい x にはどのような y の（離散）値が対応するかということになる．

ここでは，分類問題を解決する方法として代表的なアルゴリズムである回帰，最近傍，決定木，ランダムフォレスト，サポートベクターマシン，ニューラルネットワーク，ディープラーニングを簡単に紹介する．

k 最近傍

$\mathbb{R}$ で定義されたベクトル $\boldsymbol{x} = (x_1, x_2, \ldots, x_n)^\mathsf{T}$ は n 次元実数空間では空間座標 $(x_1, x_2, \ldots, x_n)$ を持つ点 X に対応するため，ベクトル $\boldsymbol{x}$ と点 X を同一視することができる．

$\mathbb{R}$ で定義された点 X の ε 近傍内に点 Y が入っているというのは，ベクトル空間内の距離関数を d とし，点 X と Y の距離を $d(\mathrm{X}, \mathrm{Y})$ で表すとき，$d(\mathrm{X}, \mathrm{Y}) < \varepsilon$ と定義される．これを ε 近傍という．d には，通常ユークリッドノルム（l^2 ノルム）が使われるが，場合によっては，l_1 ノルムや l_∞ ノルムも使われる．あるいは，ユークリッドノルムを一般化した，l_p ノルム（$d(\mathrm{X}, \mathrm{Y}) = (\sum_{i=1}^n |x_i - y_i|^p)^{1/p}$）も使われる．$\mathbb{R}$ で定義されたベクトル $\boldsymbol{x}$ の大きさはベクトル $\boldsymbol{x}$ のノルムで測られるので，$\boldsymbol{x}$ が $\boldsymbol{y}$ に近いということはノルム $||\boldsymbol{x} - \boldsymbol{y}||$ が小さいということを意味する．

点 X のある近傍内に（点 X を除いて）ちょうど k 個の点が存在するとき，この k 個の点を X の k 最近傍という．$\boldsymbol{x}$ が決まると，y は，$y = f(\boldsymbol{x})$ のように決まるとする．$\boldsymbol{x}$ での $y = f(\boldsymbol{x})$ は不明だが，$\boldsymbol{x}$ の k 最近傍での $y_i = f(\boldsymbol{x}_i)$ がわかっているとき，$f(\boldsymbol{x})$ を $f(\boldsymbol{x}_i)$ から求めることができる．

$y = f(\boldsymbol{x})$ の y が連続値であるとき，$f(\boldsymbol{x})$ を求める問題は回帰問題として取り扱うことができる．あるいは，k 個の $f(\boldsymbol{x}_i)$ の平均 $\mu(\boldsymbol{x}) = \frac{1}{k} \sum_{i=1}^k f(\boldsymbol{x}_i)$ を $f(\boldsymbol{x})$ とすることもできる．

$y = f(\boldsymbol{x})$ の y が離散値であるとき，k 個の $f(\boldsymbol{x}_i)$ の平均 $\mu(\boldsymbol{x}) = \frac{1}{k} \sum_{i=1}^k f(\boldsymbol{x}_i)$ に最も近いカテゴリー（値）を $f(\boldsymbol{x})$ のカテゴリー（値）とすることができる．あるいは，k 個の $f(\boldsymbol{x}_i)$ のマジョリティーとなる値を $f(\boldsymbol{x})$ のカテゴリー（値）とすることもできる．例えば，カテゴリーが 2 つで y が 2 値であるとき，$\hat{y} = 1 \ (\mu(\boldsymbol{x}) \geq 0.5), \hat{y} = 0 \ (\mu(\boldsymbol{x}) \leq 0.5)$ となる．これが最近傍法による分類である．

一方，$y = f(\boldsymbol{x})$ の y が離散値のとき，回帰を使った分類も可能である．例

えば，カテゴリーが 2 つで y が 2 値であるとき，線形回帰により回帰係数 $\hat{\beta}$ が推定されると，対象とする x を用いて $x\hat{\beta}$ を計算し，$\hat{y} = 1$ $(x\hat{\beta} \geq 0.5)$，$\hat{y} = 0$ $(x\hat{\beta} \leq 0.5)$ となる．これが回帰による分類である．

最近傍を取り扱う際に気をつけなければならないのは，次元が大きくなるとともに空間の 2 点間の距離が変わってくる問題である．ここで，空間に一様に点在する点を考える．1 次元空間（直線）であれば，原点から単位長さ 1 の範囲に含まれる点の数と原点から 1 の距離内にある点の数とは一致するが，2 次元になると，長さ 2 の正方形内に含まれる点の数と半径 1 の円内に含まれる点の数との比は $\pi/4 \approx 0.785$，3 次元ではその比は $3\pi/32 \approx 0.295$，10 次元では 0.00249 と急激に小さくなっていく．100 次元になると，100 次元立方体に含まれる単位球内に存在する点の割合は 1.87×10^{-70} となり，ほとんどの点は立方体の隅に存在していることになる．あるいは，別の例になるが，中心が原点の n 次元球体内に N 個の点が一様に存在している状態を考える．このとき，原点から一番近い点までの距離の中央値 d は $(1 - 0.5^{1/N})^{1/n}$ で与えられ，例えば，$N = 100$ のとき，$n = 1$ で $d \approx 0.00691$ と感覚的に受け入れられる数値であるが，$n = 10$ になると，$d \approx 0.608$ となって，半径 1 の球なのに，原点から一番近い点までの距離がかなり離れている感じを受ける．$n = 100$ ともなると，$d \approx 0.951$ となって，ほとんどの点が球の表面近くに存在している様子がわかる．この現象があるため，次元が高いときの近傍点はもはや（距離的には）近傍とはいえなくなる．したがって，高次元のままで処理せず，情報量を減らさないようにしながら次元を縮小させる試みが重要であることがわかる．これを次元の呪い [23] という．

決定木

決定木はある集合の分類を行う基本的な方法の 1 つである．集合には複数のクラスが混在していて，集合の各要素にはいくつかの属性が定義されている．それは連続値であったり離散値であったりする．その属性の値によって全体集合（木の根元にあたる）を複数のノード（木の節にあたる）に，できるだけ同じクラスだけが入るように分ける．そのため，分割には，もとの集合が分割されたことによってどれだけピュアな節が新たに作られるかという基準を使う．そこで，それぞれの節（根元も含む）に対して不純度というものを定義する．よく使われるのは Gini インデックス $i(t)$ であり，

$$i(t) = \sum_{j=1}^{C} p(j|t)\{1 - p(j|t)\} = 1 - \sum_{j=1}^{C} (p(j|t))^2 \qquad (A.58)$$

で定義される．ここに，C はクラス数，$p(j|t)$ はノード t におけるクラス j の生起確率を表し，

$$p(j|t) = \frac{1}{n_t} \sum_{k=1}^{n_t} \delta_k(j|t) \qquad (A.59)$$

$$\delta_k(j|t) = \begin{cases} 1, & k \in \text{クラス } j \\ 0, & k \notin \text{クラス } j \end{cases} \qquad (A.60)$$

である．$\delta_k(j|t)$ はクロネッカーのデルタである．ここで，不純度 V_j を

$$V_j = \frac{1}{n_t} \sum_{j=1}^{C} \{\delta_k(j|t) - \bar{\delta}(j|t)\}^2 = \frac{1}{n_t} \sum_{j=1}^{C} [\delta_k(j|t) - \bar{\delta}(j|t)\}^2]$$

$$= p(j|t)\{1 - p(j|t)\} \qquad (A.61)$$

で定義する．例えば，クラス数が 2 の場合には，Gini インデックス

$$i(t) = 1 - \sum_{j=1}^{2} (p(j|t))^2 = 2p(j|t)\{1 - p(j|t)\} \qquad (A.62)$$

である．これは，2 項分布の誤差の 2 倍にあたるものに相当する．

エントロピー指標

$$-(p(j|t) \log p(j|t) + (1 - p(j|t)) \log(1 - p(j|t))) \qquad (A.63)$$

をテイラー展開して，2 次以上の項を省いて近似したものはこの Gini インデックスになっている．図 A.5 に，最小値指標に加えてこれらの 2 つの指標が $p = p(j|t)$ によってどのように変化するかを示す．エントロピーと Gini インデックスは実用的にはよく一致していると考えられる．

分類木を作るときには，もとの木の Gini インデックスと，新しく成長させた木の Gini インデックスとの差 $\Delta i(t)$ が最大になるように，属性に定義されるパラメータ値を設定する．

決定木では，あるノードでどの説明変数を選ぶかについては，すべての説明変数と閾値に対して，最適なエントロピーの差が得られるように求めるので，

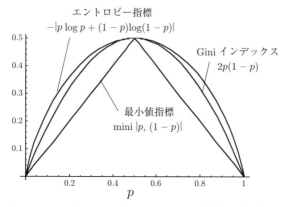

図 **A.5** Gini インデックス，エントロピー指標，最小値指標

木は根から順に構築されていき，でき上がった木は一意に決まる．

　しかし，これが全体的に見渡して求める最適な解かどうかはわからない．全体を見渡して最適解が得られるようにするには，すべての2進木のノードでの説明変数の選択をすべて行うことが必要になる．これは，計算量の点から極めて難しい．そこで，遺伝的アルゴリズムなどによって計算量を減らしながら最適な解に近いものを得る方法も提案されている [64, 173]．

決定木の特徴を表す例

　ここで，一例として，図 A.6 に示すような3分類ではパラメータをどこに設定するのが最適かについてを考えてみよう．属性の数は2個であり，それぞれを x と y で表している．箱が3つあり，それぞれの箱の中に要素が一様に入っているものとする．このとき，この3つの箱を，それぞれの箱ができるだけピュアな状態になるように分割する．

　例えば，まず x の閾値を決め，その値を境界として左右に2分割してみる．閾値を動かすことによって，$\Delta i(t)$ は図 A.6 の上に示したグラフのように変化する．左端，あるいは右端ではもとの状態のままであるから $\Delta i(t) = 0$ で，閾値を左から右に動かすことによって $\Delta i(t)$ は増加する．一番右の箱の左端で一旦増加率が変化するがそのままさらに増加して，上下2つの箱の右端で $\Delta i(t)$ は最大になる．したがって，ここが x の属性を分ける閾値になる．このことから，ある節は枝を2つに分けて2つの新しい節を作っていることがわかる．そ

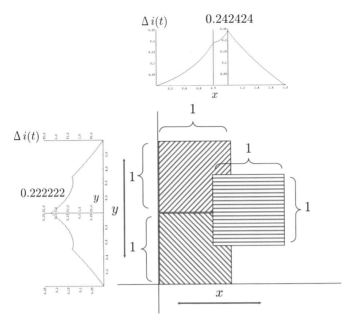

図 A.6　決定木による 3 分類の例

こで，この様子から 2 進木 (binary tree) と呼ばれている.

　次に，y 方向にも同様に閾値を探っていくと，上下 2 つの箱の境界で $\Delta i(t)$ が最大になることがわかる. 属性が x のときに調べた $\Delta i(t)$ の最大値は 0.24，y のとき，0.22 となっていることから，木の根元から枝を作るとき，最初は x の属性を選んで閾値を先述のとおり設定する.

　このような操作をして節から枝を作りながら木を成長させていくと，最後には葉の中に要素が 1 つだけ入って，それ以上分割できないようになる. しかも一意である. これは，最も詳細な分類の結果であって，その木を見るだけならよいが，その木の全体をとらえて予測を行いたいときには過剰適合になっていて予測精度が悪くなる. そのため，刈り込みが必要になる. 刈り込みは，誤って分類された割合である誤分類率をいくつか用いて，それらをクロス・バリデーションによって最適に行うことになる. 予測は，新規に加えられた要素がどのクラスに入るかを属性の値によって決定するという方法によって行われる.

　このようなアルゴリズムを理解すると，決定木がどのように分類境界を形成していくのかがわかってくる. 上のような 2 つの軸から構成される平面上に存

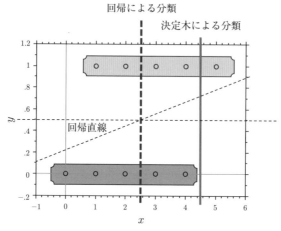

図 A.7 決定木と回帰による分類の違い

在する場合，分類された境界は軸に平行な直線から構成されることになり，曲線はもちろん，軸に平行でない傾きをもった直線によっても分類されないことがわかる．もし，平面上に斜めの直線を境にして別れているような集合がある場合，決定木は軸に平行なたくさんの線分をつなぐことによって対応する直線を近似して分類することになる．

　上の例から，直感とずれた分類をしているように思われるかもしれない．x 方向の閾値を決める場合，多くの人は右に突き出た箱の左端と左にある 2 つの箱の右端のちょうど真ん中を選んでいる．これは，人は，どちらかといえば，不純度を使わないで，回帰の結果を使って線引きをしているからではないかと思われる．実際に多くの場合，回帰の結果と人の判断は一致する傾向があるようである．決定木は，ある集合をバランスの良いように分けるというよりも，出来上がった箱の片方にはできるだけ純粋なものを先に作って，もう 1 つは後回しにしてもう一度分割しようと働いているようにも見える．これは多くの人が行っている分類法とは異なっているのかもしれない．

決定木と回帰による分類の違い

　上に述べたように，決定木は，分類された枝葉の中の要素ができるだけ（確率的に）ピュアな状態になるように分類していく．ところが，回帰の場合には，分類直線（あるいは曲線）と y 軸方向の距離の 2 乗和が最小になるように分類

がなされていく．両者の方法論は結果にも違いが生じる．例えば，図 A.7 に示すような，$\boldsymbol{x} = (0,1,2,3,4,1,2,3,4,5)^\mathsf{T}$，$\boldsymbol{y} = (0,0,0,0,0,1,1,1,1,1)^\mathsf{T}$ のデータが与えられたときに分類された境界点が異なってくる．回帰の場合には，分類境界は $x = 2.5$ となって，日常の感覚と合致している．しかし，決定木の場合には，ピュアな状態を追求した結果，分類境界は $x = 4.5$ となる．日常の感覚では，回帰による分類結果が受け入れられやすい．

ROC 曲線，感度，特異度など

決定木に限らず，2 クラスでの分類を行った結果を評価するには誤分類率

$$\frac{\text{誤ったクラスと判断された要素数}}{\text{集合の全要素数}}$$

を用いるのが代表的ではあるが，他にも何を評価したいのかという目的によってさまざまな評価指標がある．ここで，集合が 2 つのクラス（陽性 P(positive) と陰性 N(negative)）に分類される場合を考える．ある要素が真にクラス P に属しているとき，これをクラス P に属していると観測（予測）する場合などで，以下の 4 つに分けられる．

TP(true positive) は，陽性と予想していて本当に陽性だったとき

FN(false negative) は，陰性と予想していたが本当は陽性だったとき

FP(false positive) は，陽性と予想していたが本当は陰性だったとき

TN(true negative) は，陰性と予想していて本当に陰性だったとき

図 A.8 に，4 つの分類と，感度 (sensitivity)，特異度 (specificity) など，それらから作られる評価指標を示す．例えば，感度は真の陽性の中で正しく陽性を予測できた割合，特異度は真の陰性の中で正しく陰性を予測できた割合となる．図では，上側に横たわる長方形が陽性の集合の分布を，下側が陰性の集合の分布を表しているように見る．縦に点線（カットオフ）が入っているのは，その線から左を陽性と（予測して）みなすか，右を陰性としてみなすかという閾値を表している．この線は，例えば，検査結果の値のようなものと考えるとよい．この線が左右に動くことで，評価指標の値が変化していく．

また，属性を分類する閾値をパラメータとして，横軸を偽陽性率 (1−特異度)，縦軸を感度にとったときの曲線を ROC 曲線 (receiver operating character-

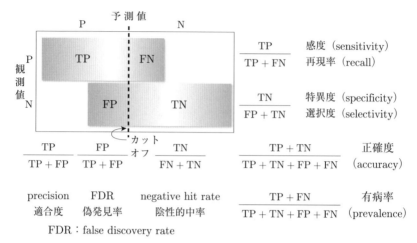

図 A.8　感度特異度など

istic curve, ROC curve) と呼ぶ. 横軸は FPR(false positive rate), 縦軸は TPR(true positive rate) とも呼ばれている. ROC 曲線は横軸と縦軸の矩形の中で左上側に曲がっているほど良い評価を表しているため, AUC (area under the curve) と呼ばれる ROC 曲線の下の面積は分類モデルの評価指標として用いられている.

分類が困難な場合

　実際に起こる現象の中には, 対象とする領域の中で属性を明瞭に 2 つに分割できない場合がある. このとき, 決定木をそのまま使っても分類はうまくできない.

　しかし, ピュアな領域を見つけるのではなく, 2 つのクラスのうちのどちらかのクラスがより密に存在する領域を見つけることは可能である. ただし, 決定木のルールをそのまま用いてできあがった 1 本の木だけを使うのではなく, すべての節で 2 分類する際にすべての属性値で分割した結果を用いたたくさんの木の分類結果を比較することで可能になる. この方法は, 先に述べたようにすぐに計算量の壁にぶつかる. そこで, 分類される小領域をはりつけたり, はがしたりを繰り返す PRIM という方法も提案されている. あるいは, 木の成長過程の計算効率を図るため, 例えば遺伝的アルゴリズムを使う方法 (GA tree) も提案されている [64, 173]. しかしながら, 実用性は高いと思われているにも

かかわらず，この分野はあまり研究されてはいない.

A.2.4　その他の分類法

　ランダムフォレストが提案される前に使われていたアルゴリズムに，バギングとブースティングがある．ランダムフォレストを説明する際にこれらのアルゴリズムを理解しておくとランダムフォレストも理解しやすいので，簡単に紹介する.

バギング

　バギングは，観測データからデータをブートストラップ法によってランダムに取り出し，複数のモデルを並列的に動かして，分類であれば多数決で，回帰であれば平均で予測を行う方法である.

ブースティング

　ブースティングとは，複数のモデルを用意しておいて，あるモデルで予測を行い，その結果を参考にして次のモデルでの予測を行うという，直列的なモデル構築法である．ブースティングをもとにしているモデルにはアダブーストがある.

ランダムフォレスト

　ランダムフォレストのアルゴリズムは，決定木をもとにしたアンサンブル学習アルゴリズムである．観測データからブートストラップ法によりランダムにサンプルを取り出し，それをトレーニングデータとして多数の決定木を構築する．その際，トレーニングデータの説明変数もランダムに選択される．評価は，決定木の分類の場合は多数決を用い，確率分布の場合はその平均値が最大となるクラスになるため，回帰の場合は平均を用いる.

サポートベクターマシン

　サポートベクターマシンはロジスティック回帰と似ている．ロジスティック回帰はロジット関数を使い，ヒンジ損失として定量化していることが主な相違点である.

　サポートベクターマシンは，p 次元実数空間上の $\boldsymbol{x}_1, \boldsymbol{x}_2, \ldots, \boldsymbol{x}_n$ を分類する

方法で，空間の点を超平面によって 2 分割することが基本的な考え方になっている．その際，分割された点の中で分割した超平面に最も近い点が重要になってくる．

さて，空間図形を取り扱う際に平面の方程式を作ったときのことを思い出してみよう．

p 次元実数空間で原点 O から超平面 α 上に下ろした垂線が α と交わる点の位置ベクトルを $\boldsymbol{x}_0$ とする．$\boldsymbol{x}$ を α 上の点の位置ベクトルとする．α の法線ベクトルを $\boldsymbol{w}$ とするとき，ベクトル $\boldsymbol{x} - \boldsymbol{x}_0$ は $\boldsymbol{w}$ と直交するので，

$$\boldsymbol{w} \cdot (\boldsymbol{x} - \boldsymbol{x}_0) = \boldsymbol{w}^\mathsf{T}(\boldsymbol{x} - \boldsymbol{x}_0) = 0$$

となっている．$\boldsymbol{w}^\mathsf{T}\boldsymbol{x}_0 = b$ とおくと，上は $\boldsymbol{w}^\mathsf{T}\boldsymbol{x} - b = 0$ となる．このとき，原点から超平面 α までの距離は $b/\|\boldsymbol{x}_0\|$ で与えられている．このことを念頭におくと，サポートベクターマシンが何をやろうとしているかを図形的に理解することができる．

ハードマージン

さて，p 次元実数空間上に，$\boldsymbol{x}_1, \boldsymbol{x}_2, \ldots, \boldsymbol{x}_n$ が与えられているとする．また，$\boldsymbol{x}_i$ には，インデックス関数 y_i が対応して，$y_i = 1$ または $y_i = -1$ によって 2 クラスに分類することを考える．このとき，$y_i = 1$ となる $\boldsymbol{x}_i$ のグループと $y_i = -1$ となる $\boldsymbol{x}_i$ のグループをある超平面によって分けたい．今，この超平面を，超平面と各グループの最も近い点 $\boldsymbol{x}_i$ との距離が最大になるように設定できると仮定する．このような超平面が存在するとき線形分離可能であるという．

このとき，2 つのクラスのデータを分離するような，先の超平面に平行な 2 つの超平面を作ることができる．2 つの超平面間の距離をマージンといい，2 つの超平面の中間の超平面を最大マージン超平面という．これら 2 つの超平面は，

$$\boldsymbol{w}^\mathsf{T}\boldsymbol{x} - b = 1,\ (\text{この平面上の } \boldsymbol{x} \text{ のクラスはすべて } y = 1),$$

$$\boldsymbol{w}^\mathsf{T}\boldsymbol{x} - b = -1,\ (\text{この平面上の } \boldsymbol{x} \text{ のクラスはすべて } y = -1)$$

で与えられる．また，2 つのグループでは，

$$\boldsymbol{w}^\mathsf{T}\boldsymbol{x}_i - b \geq 1,\ (\ y_i = 1) \tag{A.64}$$

$$\boldsymbol{w}^\mathsf{T}\boldsymbol{x}_i - b \leq -1,\ (\ y_i = -1) \tag{A.65}$$

になることから，

$$y_i(\boldsymbol{w}^\mathsf{T}\boldsymbol{x}_i - b) \geq 1 \tag{A.66}$$

になっている．そこで，このような最大マージン超平面を求めることは，

$$\underset{y_i(\boldsymbol{w}^\mathsf{T}\boldsymbol{x}_i - b) \geq 1}{\text{minimize}} ||\boldsymbol{w}||, \ (i = 1, 2, \ldots, n) \tag{A.67}$$

の最適化問題を解くということになる．これをハードマージンという．マージン上の $\boldsymbol{x}_i$ をサポートベクターという．

ソフトマージン

p 次元実数空間上で線形分離可能ではないようなデータに対応できるようにするためには，ヒンジ損失関数を用いて，

$$\sum_{i=1}^n \max\left\{0, 1 - y_i(\boldsymbol{w}^\mathsf{T}\boldsymbol{x}_i - b)\right\} + \lambda||\boldsymbol{w}||^2 \tag{A.68}$$

の最小化を図ることで空間の分離が可能になることがある．ここで，λ は学習パラメータである．

高次元への写像

しかし，p 次元実数空間の $\boldsymbol{x}$ を有限あるいは無限次元の高次元に写像すれば，写像された $\boldsymbol{x}$ の像をその空間の中で線形分離することが可能になる．このときの写像関数には，線形変換，多項式変換，放射基底関数，シグモイド関数といったカーネル関数が用いられている．

A.2.5 ニューラルネットワーク

$\mathbb{R}^n$ の中のベクトル $\boldsymbol{x}$ が写像 f によって $\mathbb{R}^m$ の中のベクトル $\boldsymbol{y}$ に写され，$\boldsymbol{y}$ がさらに g によって $\mathbb{R}^k$ の中のベクトル $\boldsymbol{z}$ に写されるとき，$g(f(\boldsymbol{x})) = g(\boldsymbol{y}) = \boldsymbol{z}$ と書くことができる．

ニューラルネットワーク (artificial neural networks, ANN) といえば，図 A.9 に示されるような入力，中間，出力の3つの層において，入力層，中間層，および，中間層，出力層の間で信号の伝達が可能であることを示すモデル図が典型的な図になっている．図には層間の線の上に $(a_{ij}), (b_{ij})$ を加えているが，

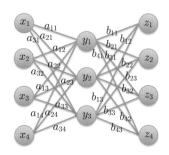

図 A.9 ニューラルネットワークでの変換

これは，入力層に入った x が中間層 y に伝わるとき，x_i から y_j の間では信号の重みを a_{ji} に，y が出力層 z に伝わるとき，y_j から z_l の間では信号の重みを b_{lj} に設定していることを表している．

したがって，x の信号が，j 番目の中間層に，$\sum_i a_{ji} x_i$ の形で入ると，その中間層では入力されたこの信号を変換してから出力層に信号を送る．このときの変換には，シグモイド関数（ロジスティック関数）が用いられ，中間層に入る値が，ある閾値よりも大きいあるいは等しければ中間層から出る信号を 1 に，ある閾値よりも小さいあるいは等しければ中間層から出る信号を 0 に変換して，中間層から出力層に信号を送るかどうかを決定しているのが典型例である．これは典型例であって，もちろんそれ以外の変換[7]も行われているが，いずれにしろ，ここでの変換には非線形写像が使われている．これは，中間層から出力層の間でも同様である．このように，ニューラルネットワークというのは，通常，f, g が非線形写像のとき，入力を x，中間層での値を y，出力を z としたときの信号の伝達の様子を表現している．

ニューラルネットワークでは，非線形変換器は最初から設定されているものとして，入力された x と観測された z の組み合わせから，ネットワーク内で信号が伝わるときの重みを未知数として求めている．このときの方法は普通，データのいくつかがトレーニングデータとテストデータに用いられ，テストにおいて予測される $\hat{z}$ と観測された z の 2 乗誤差を最小化する最適化法である．このことは，観測されたマトリクスの中の要素をトレーニングとテストに分けてモデル推定を行う方法論になっているが，ニューラルネットワークでは推定されたパラメータへの意味付けが難しく，そのためブラックボックスの予測器

---

[7]例えば，$x \geq 0$ で x，$x < 0$ で 0 に変換する ReLU 関数．

と呼ばれている．一方，例えば，決定木では，特徴量の閾値によってデータが二分されるため，分類された結果が後から理解されやすい．このため，これまでは，分類では，分類器が何をやっているかが見えるような分類器を選びがちであったが，近年の多層化したニューラルネットワーク（ディープニューラルネット，あるいはディープラーニング）では，予測精度が少し以前のニューラルネットワークに比べてはるかに良い結果をもたらしており，人間の判断をも上回る結果を出すことで，たとえブラックボックスといえどもニューラルネットワークへの関心が高まっている．

ニューラルネットワークと線形写像

ニューラルネットワークで変換に用いる非線形変換器が，中間層に入ってきた入力データをそのまま変換せずに出力層に送る場合には，f と g には線形写像が対応していることになり，

$$g \circ f(\boldsymbol{x}) = g(f(\boldsymbol{x})) = BA\boldsymbol{x} = \boldsymbol{z} \tag{A.69}$$

と書くことができる．ここで，$A = (a_{ij})$，$B = (b_{jl})$ である．つまり，ニューラルネットワークは線形写像の拡張ともいえる．

また，変換 A を使うとき，y_j では，入力ベクトル $\boldsymbol{x}$ と，重みを表したマトリクスの行から作られるベクトル $(a_{1j}, a_{2j}, \ldots, a_{nj})^{\mathsf{T}}$ の内積をとっていることを考えると，重み a_{ij} の役割を理解しすい．

ディープラーニングと線形写像

ディープラーニング (deep learning, DL) は，基本的にはニューラルネットワークの中間層を多数に増やし，変換の関数にシグモイド関数以外（例えば ReLU(rectified linear unit) 関数など）の関数も用いたものである．これは，ディープニューラルネット (deep neural netwworks, DNN) とも呼ばれる．従来，多層のニューラルネットワークではパラメータ推定が不安定であったり時間がかかったりしていたものが，入力データのサンプル数を増やすことによって改善されることが発見され，急速に応用が広がった．また理論的にも解明されるようになってきた．

ディープラーニングは，画像が何を表しているかという分類器として人間の判断にも増して圧倒的な優位を示すことや，言語処理の分野でも人間の判断を

上回るような成果を次々と出してきた．特に画像処理においては，特異値分解の側面を応用することでデータの圧縮を効果的に図ることができ，画像による診断などの応用面に優れた成果を発揮している．

ディープラーニングモデルは，非線形変換関数を σ，ネットワーク接続での重みを W_i，定数項を b で表現するとき，入力ベクトル $\boldsymbol{x}$ が出力ベクトル $\boldsymbol{y} = f(\boldsymbol{x})$ に変換されていくのは

$$\boldsymbol{y} = f(\boldsymbol{x}) = W_{n+1}\sigma(W_n \cdots \sigma(W_2\sigma(W_1\boldsymbol{x} + \boldsymbol{b}_1) + \boldsymbol{b}_2)\cdots + \boldsymbol{b}_n) \quad \text{(A.70)}$$

と記述されるが，ニューラルネットワークでも述べたように，非線形変換器を線形写像に単純化したモデルでは，これを，

$$f_n \circ \cdots \circ f_2 \circ f_1(\boldsymbol{x}) = f_n(\cdots(f_2(f_1(\boldsymbol{x}))))$$
$$= A_n \cdots A_2 A_1 \boldsymbol{x} = \boldsymbol{y} \quad \text{(A.71)}$$

と表すことができる．ここで，$A_k = (a_{ij}^{(k)})$ である．ディープラーニングで取り扱うことができるパラメータの数は最近では 10^{12} にまで増えている．

A.3　機械学習の基礎となる最適化法

推薦システムにおいて，モデルベースに使われるマトリクス分解を行うとき，マトリクス間の評価を等価的に，あるいは近似的に等価的に取り扱うための数値計算法や，最適化法が必要になる．そこで，ここでは，推薦システムに多用される最適化法の基礎について簡単に述べる．それらは，勾配法，最急降下法，確率的勾配法 [185] である．

予測値 $\hat{y} = \hat{f}(x)$ と観測値 y の近さを測るには，1）確率的方法（尤度を用いる）と，2）距離を用いる方法がある．データの背後の確率的構造が不明なときには，通常は 2）の方法を用いる．なかでも，数学的な取り扱いの簡便さから，l_2 ノルムがよく使われている．つまり，最適なモデルを求めるには，予測値 $\hat{y}$ と観測値 y の間の誤差の 2 乗，

$$E = ||y - \hat{y}||^2 \quad \text{(A.72)}$$

を最小にする $\hat{f}$ のパラメータを求めることにほかならず，l_2 ノルムで 2 乗誤差の最小化を図ることは関数 E の極値を求める十分条件となる．特に，y が x の

1次式で表されている場合にはEはxの2次関数で表され，2乗誤差の最小化問題と極値と求めることは同値になる．

　したがって，関数Eの極値を求めることは最小化問題の必要条件となるため最初に試みられる．その際，Eが微分可能であれば，収束の速い近似計算を用いる．しかし，収束の速さと，収束域（繰り返し計算の初期値から収束値が得られる初期値の領域）の広さとはトレード・オフの関係になっているのが普通で，まずは安定して解の近傍までたどりつき，そこから一挙に収束の速い計算を用いている．

　ここで，収束の速さについてのランダウの記号，収束の次数を書いておく．

収束の速さに関するランダウの記号 O と o

定義 A.5

1）O（ビッグオー）

　$x_n = O(\alpha_n)$ とは，ある定数 C とある自然数 r があり，すべての $n > r$ に対して，$|x_n| \leq C|\alpha_n|$ が成り立つ．

2）o（リトルオー）

　$x_n = o(\alpha_n)$ とは，ある自然数 r があり，すべての $n > r$ に対して，$\displaystyle\lim_{n \to \infty} \dfrac{x_n}{\alpha_n} = 0$ が成り立つ．

収束の次数

　収束値を x^* とする．1次収束，超1次収束，2次収束，α 次収束は次で定義される．

定義 A.6 （収束の次数）

1）<u>1次収束</u>：ある定数 $c < 1$ とある自然数 N があって，すべての $n \geq N$ に対して，$|x_{n+1} - x^*| \leq c|x_n - x^*|$ が成り立つ．

2）<u>超1次収束</u>：ある列 $\{\varepsilon_n\}$ とある自然数 N があって，$n \geq N$ のとき，$\varepsilon_n \to 0,\ n \to \infty$ であるとき，$|x_{n+1} - x^*| \leq \varepsilon_n|x_n - x^*|$ が成り立つ．

3）<u>2次収束</u>：ある定数 C とある自然数 N があって，すべての $n \geq N$ に対して，$|x_{n+1} - x^*| \leq C|x_n - x^*|^2$ が成り立つ．

4）<u>α 次収束</u>：ある定数 C とある自然数 N があって，すべての $n \geq N$ に対し

て，$|x_{n+1} - x^*| \leq C|x_n - x^*|^\alpha$ が成り立つ．

A.3.1 ニュートン法

多変数関数 $f(\boldsymbol{x}) = \boldsymbol{0}$ の解を求めるとき，関数 f が滑らかであれば，解の近傍で関数の多項式近似を行い，適当な初期値 $\boldsymbol{x}_0$ を定めて，そこから線形方程式を解くことを繰り返し行うというニュートン法がよく用いられる．

1 変数関数 f が滑らかであれば，f は x の近傍で

$$f(x_{x+h}) = f(x) + hf'(x) + \frac{1}{2!}f''(x) + \cdots \tag{A.73}$$

とテイラー展開できる．そこで，展開を 1 次の項までで打ち切った近似式を用い，線形方程式

$$0 = f(x_{k+1}) \approx f(x_k) + h_i f'(x_k) \tag{A.74}$$

を解くことによって h_i を求め，$x_{k+1} = x_k + h_k$ によって x_{k+1} を更新し，この操作を $|h_k| < \varepsilon$ となるまで繰り返すと収束解が求められる．これが 1 変数のニュートン法である．

f が n 変数の多変数関数のときも同様で，1 次の項までの近似式から，

$$0 = f_1(x_1 + h_1, \ldots, x_n + h_n)$$
$$\approx f_1(x_1, \ldots, x_n) + h_1\frac{\partial f_1}{\partial x_1} + \cdots + h_n\frac{\partial f_1}{\partial x_n}$$
$$\vdots$$
$$0 = f_n(x_1 + h_1, \ldots, x_n + h_n)$$
$$\approx f_n(x_1, \ldots, x_n) + h_1\frac{\partial f_1}{\partial x_1} + \cdots + h_n\frac{\partial f_n}{\partial x_n} \tag{A.75}$$

から $||\boldsymbol{h}||$ を求め，この操作を $||\boldsymbol{h}|| < \varepsilon$ となるまで繰り返す．ベクトルとマトリクスを使って書くと，

$$\boldsymbol{x}^{(k+1)} = \boldsymbol{x}^{(k)} - (\boldsymbol{J}^{(k)})^{-1}\boldsymbol{f}(\boldsymbol{x}^{(k)}) \tag{A.76}$$

となる．ただし，

$$
\boldsymbol{J}^{(k)} = \begin{pmatrix} \frac{\partial f_1}{\partial x_1} \cdots \frac{\partial f_1}{\partial x_n} \\ \vdots \ddots \vdots \\ \frac{\partial f_n}{\partial x_1} \cdots \frac{\partial f_n}{\partial x_n} \end{pmatrix}_{\boldsymbol{x}^{(k)}}, \; \boldsymbol{x}^{(k)} = \begin{pmatrix} x_1^{(k)} \\ \vdots \\ x_n^{(k)} \end{pmatrix}, \; \boldsymbol{h}^{(k)} = \begin{pmatrix} h_1^{(k)} \\ \vdots \\ h_n^{(k)} \end{pmatrix}
$$

$$(A.77)$$

である.

スカラーの値をとる関数 $g(\boldsymbol{x})$ の最大値, あるいは最小値を求めたいとき, 関数 g が滑らかであれば, 関数 g が極値をとる $\boldsymbol{x}$ が最大値, あるいは最小値の候補となる. g が $\boldsymbol{x}$ で極値になるとき, $\partial g(\boldsymbol{x})/\partial \boldsymbol{x} = 0$ の非線形方程式を解くことにつながるので, 上で示したニュートン法を使うことになる. ただし, ヤコビアン(ヤコビ行列) $\boldsymbol{J}$ ではなく, ヘシアン $\boldsymbol{H}$ に変わる. ここに,

$$
\boldsymbol{H} = \begin{pmatrix} \frac{\partial^2 g}{\partial x_1^2} & \cdots & \frac{\partial^2 g}{\partial x_1 \partial x_n} \\ \vdots & \ddots & \vdots \\ \frac{\partial^2 g}{\partial x_n \partial x_1} & \cdots & \frac{\partial^2 g}{x_n^2} \end{pmatrix}
$$

$$(A.78)$$

である.

ニュートン法では収束の速さが 2 次収束になり, 初期値が適切であれば収束は極めて速く, 繰り返しの回数が 10 回以内でも解に近い値が得られる. しかし, ヤコビアンを求めなければならないこと, 線形方程式を解かなければならないこと, 初期値の選定が極めて難しいことなどから, ニュートン法がうまく機能するまでに多くの手間を要することが欠点である.

最適化問題で, 解析的にヤコビアンが求められない場合, 微分を差分で近似するセカント法が使われることがある. ただ, セカント法を多次元の方程式に用いる場合, 解の一意性が保証されない劣決定問題(方程式の数より未知数の数が多い問題)になるため, 逆行列計算に不都合が起こらないように工夫された準ニュートン法が用いられる. 準ニュートン法では, ヘシアン $\boldsymbol{H}$ の代わりに, それを近似した正定値行列 $\boldsymbol{B}$ とステップ幅 $\alpha > 0$ が用いられる.

代表的な準ニュートン法は次の BFGS 法

$$
\boldsymbol{x}^{(k+1)} = \boldsymbol{x}^{(k)} - \alpha(\boldsymbol{B}^{(k)})^{-1}\boldsymbol{g}(\boldsymbol{x}^{(k)})
$$

$$(A.79)$$

である.

A.3.2　勾配法

　関数最適化問題（最小化問題）では，ヘシアンの計算が可能で，収束が安定的に求まればニュートン法が使われるが，現実的な問題では，一般にその実現性は高くない．そこで，ある点 $\boldsymbol{x}$ での勾配 $\nabla g(\boldsymbol{x})$ を求めて，関数が下降していく方向に $\boldsymbol{x}$ を進めていくという単純な方法を用いることが多い．つまり，

$$\boldsymbol{x}^{(k+1)} = \boldsymbol{x}^{(k)} - \boldsymbol{H}^{(k)} \left(\nabla g(\boldsymbol{x})\right)_{(k)} \tag{A.80}$$

のアルゴリズムを使う．ただし，ここでの $\boldsymbol{H}^{(k)}$ は，$g(\boldsymbol{x}^{(k)})$ のヘシアンではなく適切な正定値行列としている．これを勾配法 (descent method) と呼ぶ．$\nabla g(\boldsymbol{x})$ を求めるにはいろいろな方法がある．

最急降下法

　勾配法で，$g(\boldsymbol{x})$ が点 $\boldsymbol{x}$ で微分可能であれば，$\partial g(\boldsymbol{x})/\partial \boldsymbol{x}$ を求めて，関数が最も傾いている方向に最適な距離だけ $\boldsymbol{x}$ を進めていくという方法を用いることがある．つまり，

$$\boldsymbol{x}^{(k+1)} = \boldsymbol{x}^{(k)} - \alpha \left(\frac{\partial g(\boldsymbol{x})}{\partial \boldsymbol{x}}\right)_{(k)} \tag{A.81}$$

のアルゴリズムを使う．これを最急降下法 (gradient descent) と呼ぶ．これは，勾配法での $\boldsymbol{H}^{(k)}$ が $\alpha \boldsymbol{I}$ となった特別な場合となる．ここで，$\boldsymbol{I}$ は単位行列である．$\alpha > 0$ の最適値には，

$$\alpha^{(k)} = \underset{\alpha \geq 0}{\arg \min}\, g\left(\boldsymbol{x}^{(k)} - \alpha \left(\frac{\partial g(\boldsymbol{x})}{\partial \boldsymbol{x}}\right)_{(k)}\right) \tag{A.82}$$

が使われる．最急降下法には，大域的に収束する性質があるが，収束の速さは 1 次収束であり，ときに収束値に至るまでの繰り返し計算のコストがかかることがある．

確率的勾配法

　関数の最適化に最小 2 乗法を用いる場合，残差平方和の最小化問題が現れる．
　例えば，推薦システムでマトリクス分解法を取り扱う場合，マトリクス要素での予測値と観測値と残差平方和の最小化問題を取り扱う．このとき，

$$E = \frac{1}{2} \sum_{i=1}^{m} \sum_{j=1}^{n} I(i,j)(r_{ij} - \hat{r}_{ij})^2 \tag{A.83}$$

の最小化を図りたい. ここで, r_{ij} は観測値 R の (i,j) 要素, $(\hat{r}_{ij}) = (\hat{u}_{ij})(\hat{v}_{ij})$ は, r_{ij} の予測値, $I(i,j)$ はマトリクス要素のインデックス関数 ($r_{ij} \neq 0$ で 1, $r_{ij} = $ " "(空欄)で 0, m, n はマトリクスの行と列の数を表す. E の未知数, u_{ij} および v_{ij} ごとの勾配を求めるときにも和 ($\sum_{j=1}^{n}$ と $\sum_{i=1}^{m}$) は残っており, m, n が大きいときには, この計算のコストは無視できない. そこで, パラメータ空間での勾配が最大になっている方向を探すのではなく, あるパラメータをランダムに選び, その方向にだけ $\boldsymbol{x}$ を更新するという方法がとられている. これを確率的勾配法 (stochastic gradient descent, SGD) と呼ぶ.

もっと一般的には,

$$\underset{\boldsymbol{x}}{\text{minimize}} \, f(\boldsymbol{x}) = \sum_{i=1}^{n} f_i(\boldsymbol{x}) + \lambda h \tag{A.84}$$

の問題に, いくつかのパラメータをランダムに選び, そこで勾配法を適用するバッチ勾配法 (batch gradient descent, BGD)

$$\boldsymbol{x}^{(k+1)} = \boldsymbol{x}^{(k)} - \alpha^{(k)} \nabla f^{(k)}(\boldsymbol{x^{(k)}}) \tag{A.85}$$

において, $\nabla f^{(k)}$ を $\nabla f_b^{(k)}$ (b はバッチパラメータ集合) に限定して更新を行うのが, 確率的勾配法での $\boldsymbol{x}$ の更新になる. その際, 関数最適化には正則化項 h が加えられている.

$$\boldsymbol{x}^{(k+1)} = \boldsymbol{x}^{(k)} - \alpha^{(k)} \nabla f_b^{(k)}(\boldsymbol{x^{(k)}}) \tag{A.86}$$

ここで, λ は正則化係数である.

この方法は, 推薦システムに限らず, ディープラーニング分野でも活発に用いられている方法である.

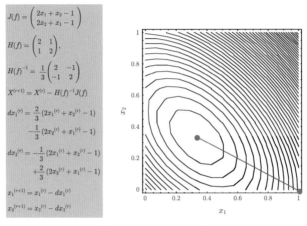

図 **A.10**　ニュートン法

具体例

線形方程式

$$\begin{pmatrix} 2 & 1 \\ 1 & 2 \end{pmatrix} \begin{pmatrix} x_1 \\ x_2 \end{pmatrix} = \begin{pmatrix} 1 \\ 1 \end{pmatrix} \tag{A.87}$$

を解くのは，2 次関数

$$f(\boldsymbol{x}) = x_1^2 + x_2^2 + x_1 x_2 - x_1 - x_2 \tag{A.88}$$

の最小値を見つけることと同値である．これは 2 次形式問題である．ここでは，この最適化問題に，ニュートン法，最急降下法，確率的勾配法を適用してみよう．

図 A.10 に，ニュートン法での定式化と繰り返し計算を行ったときの $(x_1^{(k)}, x_2^{(k)})$ の軌跡を示す．また，図 A.11 に最急降下法での定式化と繰り返し計算を行ったときの $(x_1^{(k)}, x_2^{(k)})$ の軌跡を示す．ここで，初期値は $(x_1, x_2) = (1, 0)$ である．ニュートン法では 1 回で収束しているが，最急降下法では解にたどり着くまで繰り返し回数が多くなっている．

確率的勾配法では，上と同じ関数 $f(\boldsymbol{x})$ にランダムなノイズ $\varepsilon \sim N(0, 0.01^2)$ が加わった 10 個の関数 $f_i(\boldsymbol{x}) = f(\boldsymbol{x}) + \varepsilon_i$ が重なって観測された場合を考えよう．関数 $f_i(\boldsymbol{x})$ と $f(\boldsymbol{x})$ の最大値 $f_{\min}(\boldsymbol{x}) = \dfrac{1}{3}$ との差の 2 乗 E_i の 10 個の和

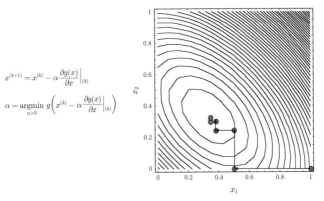

$$x^{(k+1)} = x^{(k)} - \alpha \frac{\partial g(x)}{\partial x}\Big|_{(k)}$$

$$\alpha = \underset{\alpha>0}{\operatorname{argmin}}\ g\left(x^{(k)} - \alpha \frac{\partial g(x)}{\partial x}\Big|_{(k)}\right)$$

図 A.11 最急降下法

の最大化を考える．つまり，

$$E(\boldsymbol{x}) = \frac{1}{10}\sum_{i=1}^{10}\left(f(\boldsymbol{x}) + \varepsilon_i - \frac{1}{3}\right)^2 \tag{A.89}$$

が最大となる $\boldsymbol{x}$ を探すことになる．ここで，$\dfrac{1}{3}$ は $f(\boldsymbol{x})$ の最大値である．通常の勾配法での $\boldsymbol{x}$ の更新は，

$$x_1{}^{(k+1)} = x_1{}^{(k)} + \alpha\frac{\partial E}{\partial x_1} \tag{A.90}$$

$$x_2{}^{(k+1)} = x_2{}^{(k)} + \alpha\frac{\partial E}{\partial x_2} \tag{A.91}$$

で与えられ，$E(\boldsymbol{x})$ の偏微分は，

$$\frac{\partial E}{\partial x_1}\bigg|_{(k)} = \frac{1}{10}\sum_{i=1}^{10}2\left(f(\boldsymbol{x}^{(k)}) + \varepsilon_i - \frac{1}{3}\right)(2x_1^{(k)} + x_2^{(k)} - 1) \tag{A.92}$$

$$\frac{\partial E}{\partial x_2}\bigg|_{(k)} = \frac{1}{10}\sum_{i=1}^{10}2\left(f(\boldsymbol{x}^{(k)}) + \varepsilon_i - \frac{1}{3}\right)(x_1^{(k)} + 2x_2^{(k)} - 1) \tag{A.93}$$

であるが，確率的勾配法では，ランダムに選ばれた i 番目だけの偏微分，

$$E(x) = \frac{1}{n} \sum_{i=1}^{n} \left(f(x) + \varepsilon_i - \frac{1}{3} \right)^2$$

$$\frac{\partial E}{\partial x} = \frac{1}{n} \sum_{i=1}^{n} 2 \left(f(x) + \varepsilon_i - \frac{1}{3} \right) \frac{\partial f}{\partial x}$$

$$x^{(k+1)} = x^{(k)} + \alpha \left. \frac{\partial E}{\partial x} \right|_{(k)}$$

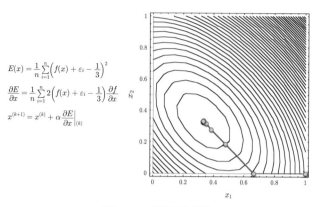

図 A.12 確率的勾配法

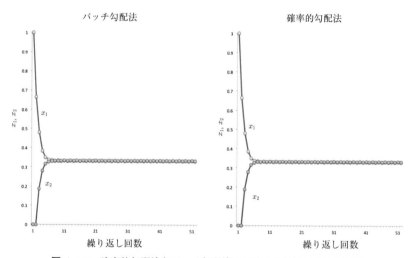

図 A.13 確率的勾配法とバッチ勾配法における繰り返し計算と収束

$$\left. \frac{\partial E_i}{\partial x_1} \right|^{(k)} = 2 \left(f(\boldsymbol{x}^{(k)}) + \varepsilon_i - \frac{1}{3} \right) \left(2x_1^{(k)} + x_2^{(k)} - 1 \right) \qquad \text{(A.94)}$$

$$\left. \frac{\partial E_i}{\partial x_2} \right|^{(k)} = 2 \left(f(\boldsymbol{x}^{(k)}) + \varepsilon_i - \frac{1}{3} \right) \left(x_1^{(k)} + 2x_2^{(k)} - 1 \right) \qquad \text{(A.95)}$$

を用いることになる.

図 A.12 に，確率的勾配法での定式化と繰り返し計算を行ったときの $(x_1^{(k)},$

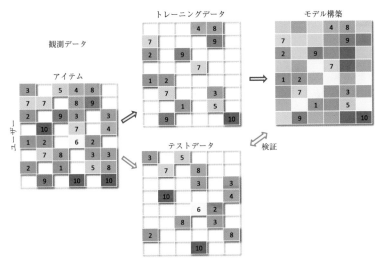

図 A.14　トレーニングデータとテストデータ

$x_2^{(k)}$) の軌跡を示す．また，図 A.13 に，初期値から順に更新されていく $x_1^{(k)}$，$x_2^{(k)}$ のグラフを示す．図には，すべてのパラメータを選んでバッチ勾配法を用いたときの $x_1^{(k)}$，$x_2^{(k)}$ のグラフも併記している．適切にチューニングを行えば，確率的勾配法によって計算コストをかけずに収束値を求めることが可能である．

　最急降下法と確率的勾配法の間のトレードオフの説明，2 つの間のギャップを埋めるためのミニバッチの説明は [99]，潜在因子モデルにおける大規模な確率的勾配法は [55] で紹介されている．

A.4　モデル評価法

A.4.1　予測結果の評価法

　先に示したように，推薦システムで取り扱う，ユーザーとアイテムからなるマトリクスの要素については，それぞれの要素に特段の制約は設けていない．評価値がないアイテムの場所はどこにあるかわからない．評価がついている要素のデータが観測データであり，ついていない要素が予測すべきデータということになる．

　観測データのすべてをモデル構築に使う場合，数理モデルの背景に確率分布

構造が想定されていれば，尤度の基準に従って，推定されたパラメータの信頼度や，パラメータを用いて作った関数の推定値やその信頼度を得ることができる．しかし，不完全マトリクスの数値だけが与えられており，マトリクスの性格や構造についての事前知識がない場合には，与えられたデータそのものから予測された要素の信頼度について調べなければならない．通常，機械学習においては，データをいくつかに分割し，分割されたデータに使い方の性格を持たせている．モデルを構築する場合のデータをトレーニングデータ (training data) と呼び，モデルを検証する場合のデータをテストデータ (test data) と呼んでいる．

　図 A.14（175 ページ）に示すように，観測されたデータを 2 つに分け，1 つはモデル構築のためのトレーニングデータ，もう 1 つはモデルを検証するためのテストデータとする．推薦システムの数理モデルは，トレーニングデータを用いて構築し，図の右上にあるように，すべての要素に計算されたデータが入ることになる．この予測データを，先に観測されていたテストデータと対比させる．通常は，予測値と観測値の差の 2 乗をすべてのテストデータに適用してそれらの和をとり，テストデータ数で割った値（平均 2 乗誤差）の平方根（平均 2 乗誤差平方根，root mean squared error, RMSE）を求めて，いろいろなモデルに適用した場合の RMSE が最も小さいモデルが（考えているモデルの中では）最もふさわしいモデル，としている．

　トレーニングデータとテストデータを構成する方法にはいろいろな形がある．上で示した方法は，ホールド・アウト (hold out) と呼ばれる方法で，観測データを 2 つに分けて検証を行う方法である．推定した結果の信頼度を見るにはこのホールド・アウトでは心もとない．そこで，多数のトレーニングデータとテストデータを作って，何度も繰り返して推定値の信頼度を求める方法が，リーブ・ワン・アウト (leave one out)，クロス・バリデーション (交差検証法, cross validation)，ブートストラップ法 (bootstrap) などである．

　リーブ・ワン・アウトは，ホールド・アウトのテスト用のデータを 1 つだけにしてテストデータの数だけ検証を繰り返し，繰り返した分の推定値の平均や標準偏差を求めて信頼度を得ている．

　クロス・バリデーションも，リーブ・ワン・アウトと同様な方法であるが，検証用のデータを 1 つだけとせず，観測データを（k 等分に）分割して，1 つをテスト用に，残りをトレーニング用に使う方法である．k 分割のときのクロ

ス・バリデーションを k クロス・バリデーションと呼ぶ．この方法は，機械学習の評価法でよく使われている方法である．クロス・バリデーションによって得られた評価結果は，予測に対しては，すべてのデータを用いる統計的な方法から得られた評価結果に比べて良い精度が得られる傾向になることが想定される．

　ブートストラップ法では，観測データの中から，観測データ数と同じ数のデータ数をランダムに抽出し，それをトレーニングデータとしてモデルを構築し，テストデータも同様な方法で重複を許してランダムに抽出して検証を行う．検証の回数は任意に設定できる．復元抽出になるので，トレーニングデータの中には全く同じデータが複数存在するのが普通で，データ数が大きいとき，全体数の $1/e$ は重複するデータになっている[8]．したがって，信頼度を求める際には，クロス・バリデーションなどと比べて少し甘いと考えながら推論を進めるのがよい．

　このように，機械学習で推定値の信頼度を求めるには，観測データをモデル構築用と検証用に分割して使うということが行われている．一方，例えば通常行われている回帰のような場合に見られるように，観測データをすべて用いてモデル構築を行うことは一般的に行われている．通常統計分野では，モデルに使ったデータをそのまま評価にも使っている．

　トレーニングデータで構築したモデルの検証をテストデータで行うというのは，自らの評価ではなく他からの評価という面で，非常に公正な評価法であるように見受けられる．しかし，モデルを作って評価を行うのはやはり同じ土俵の上に乗っているデータである．データは観測値の一部を使っているに過ぎない．そこで，さらに公正な評価を行うために，トレーニングデータとテストデータとは公正な検証用にもう１つ別のデータを確保しておいて，そのデータを使ってモデルの評価を行うという方法もとられている．

A.4.2　機械学習でのモデル評価法

　統計的推測では，事象の起こる確率に直接対応する尤度 (likelihood) を最大化することで，モデルの背後にあるパラメータや確率分布を評価している．こ

---

[8] n 個のサンプルから復元抽出サンプリングを行うとき，１つのサンプルが選ばれない確率は $1-(1/n)$ で，n 回の抽出で一度も選ばれない確率は $(1-(1/n))^n$ なので，n が大きいとき，$(1-(1/n))^n \to e^{-1}, (n \to \infty)$ となる．

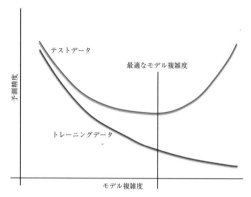

図 A.15 トレーニングデータとテストデータの予測誤差の典型例

のとき，モデルの複雑度によってバイアスのかかった尤度を修正してモデル評
価することにも配慮はなされている．確率的なモデルでは，必ずしも，観測値
に対応して確定したベクトル空間での点の座標は必要とされず，このため，尤
度による予測法は適用範囲が広い．例えば，あるデータに関しては観測値はあ
る値以上であるとか，データはある時点までのものしか得られていないといっ
たデータも取り扱うことができるというメリットがある．

　機械学習では，必ずしも確率分布モデルを想定していないため，モデルの評
価には，一般的に距離が用いられている．得られたデータをモデル構築部分
（トレーニングデータ）とモデル評価部分（テストデータ）とに分け，トレー
ニングデータを使って構築されたモデルに対してテストデータを使ってモデル
評価することが多い．テストデータをターゲットにしたときの予測モデルから
得られる予測値とテストデータでの観測値との2乗誤差の和が，最小になるよ
うにモデルを決めることになる．つまり，通常，l_2ノルム（ユークリッドノル
ム）が距離の評価基準として使われている．場合によっては，これを l_1 ノルム
（マンハッタンノルム）に置き換えることもある．2点間の距離を測るには2点
の座標値が必要である．これは，確率モデルとの大きな相違点になる．

　一般的に，モデル構築の複雑度を上げれば上げるほど，モデル構築に使った
データによるモデル評価値は低くなるような単調減少傾向を示す．極端な場合，
モデルの複雑度がデータの複雑度と一致するまでモデルを精密にしていけば，
誤差は0となる．しかし，作られたモデルを他から得られたデータに適用する
と，モデルがもとのデータに過度に調整して作られているために予測誤差が大

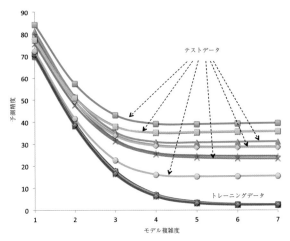

図 A.16 二酸化炭素濃度予測におけるトレーニングデータとテストデータの予測誤差

きくなっている．そこで，モデルの評価には，あらかじめ準備しておいたモデル構築に使われていないデータをモデル評価のために使う．このデータをテストデータと呼んでいる．構築されたモデルの複雑度を測るパラメータ（例えば，未知パラメータ数など）を小さい値から段々大きい値に変化させていくと，単純なモデルからモデルが複雑になるにつれてテストデータを使った予測値による評価結果も段々小さくなっていくが，ある時点からこれが上昇に転じて，モデルが複雑になればなるほど予測精度が悪くなってくる．つまり，評価関数はモデル複雑度に対して U 字曲線を描くことになる [62]．そこで，テストデータを使ったモデル評価値が最小となるようなモデルの複雑度を選ぶという手続きが必要になる．これが，機械学習で行われている最適モデル探索になっている．

　例えば，推薦システムでのモデルベースの協調フィルタリングで用いられるマトリクス分解法では，マトリクス P を 2 つのマトリクスの積 $P = UV^{\mathsf{T}}$ に分解するとき，マトリクス U, V を構成するベクトル $U = (\boldsymbol{u}_1, \ldots, \boldsymbol{u}_k)$ と $V = (\boldsymbol{v}_1, \ldots, \boldsymbol{v}_k)$ の複雑度パラメータ k（深さ k）を小さい値から大きい値に変化させていき，予測精度の最も良くなる k を選択することを行っている．

　図 A.15 に，トレーニングデータによる予測誤差とテストデータによる予測誤差の典型的な比較図を示す．また，一例として，図 A.16 に，2.1 節で示した二酸化炭素濃度の時系列予測にマトリクス分解を応用したときの，9 ケースのトレーニングデータによる予測誤差とテストデータによる予測誤差を示す．モ

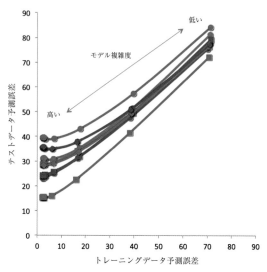

図 A.17 二酸化炭素濃度予測におけるトレーニングデータとテストデータの予測誤差の関係

デルの複雑度は，複雑度パラメータ k によって表され，ここでは，$k = 1$ から $k = 7$ のときの計算をしている．モデル構築に観測データの 4/5 をトレーニングデータとして使い，残りの 1/5 をテストデータとして使っている．モデル構築時のトレーニングデータによる誤差は 9 ケースで大きく異なってはいないが，テストデータではケース間の違いが確認される．

また，図 A.17 に，トレーニングデータ誤差に対するテストデータ誤差の関係をプロットした．トレーニングデータ誤差はモデル複雑度に対して単調減少なので，テストデータ誤差をモデル複雑度の高い方から低い方に向かって見ているようになる．

付録 B：項目反応理論

マトリクス分解は，未知パラメータがノンパラメトリックに配置されたときのノンパラメトリック分解と解釈すれば，項目反応理論 [60, 101] は，未知パラメータが確率分布関数に支配されているパラメトリック分解と解釈できる．つまり，マトリクス分解で用いた分解マトリクス U と V が確率分布構造に支配されるパラメータベクトルに対応すると考えられる．そこで，ここでは，項目反応理論を使った推薦システムへの適用として（特に不完全マトリクスでの）項目反応理論について概説する．

B.1 完全マトリクス項目反応理論

現代テスト理論に用いられる項目反応理論 (item response theory, IRT) では，受験生 i がテスト問題 j を解けたか解けなかったかの 2 値反応の結果をユーザーとアイテムの応答マトリクスとして表現し，そこから受験生 i の能力値 (ability) とテスト問題 j の問題困難度と識別力のパラメータを推定している．受験生 i を対象に触れるユーザー，テスト問題 j を対象（アイテム）と解釈すれば，2 値反応を応答とした推薦システムのマトリクスに対応すると考えることができる．ただし，推薦システムで取り扱う場合には，ユーザーとアイテムに確率分布構造は入っていなかったが，項目反応理論ではそこに確率分布構造が入ってくる．推薦システムでは，不完全マトリクスを取り扱うが，ここではまず，完全マトリクスでの項目反応理論について簡単に述べる．

IRT では，各問題 j に対する受験者 i の評価確率 $P_j(\theta_i; a_j, b_j, c_j)$ がロジスティック分布，すなわち，

$$P_j(\theta_i; a_j, b_j, c_j) = c_j + \frac{1 - c_j}{1 + \exp\{-1.7 a_j(\theta_i - b_j)\}} \tag{B.1}$$

に従っていると仮定する．a_j, b_j, c_j は，それぞれ問題 j の識別力（問題の良し悪し），困難度（問題の難易度），当て推量（偶然に正答する確率），θ_i は受験者 i の学習習熟度 (ability) を表している．数値 1.7 は分布が標準正規分

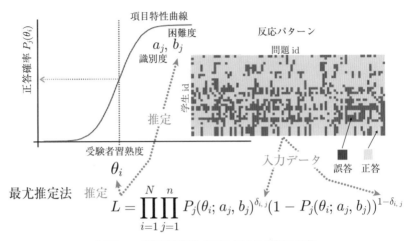

図 B.1 項目反応理論 (IRT) による評価の過程

布に近くなるように調整された定数である．受験者 $i = 1, 2, \ldots, N$ が項目 $j = 1, 2, \ldots, n$ に対して取り組んだ結果，その解答が正答なら $\delta_{i,j} = 1$，誤答なら $\delta_{i,j} = 0$ と表すと，すべての受験者がすべての問題に挑戦した結果（これを反応パターンという）の確率は，独立事象を仮定すれば，$c_j = 0$ と仮定した場合，

$$L = \prod_{i=1}^{N} \prod_{j=1}^{n} P_j(\theta_i; a_j, b_j)^{\delta_{i,j}} (1 - P_j(\theta_i; a_j, b_j))^{1-\delta_{i,j}} \tag{B.2}$$

と表される．これを尤度関数という．図 B.1 に，IRT による評価の過程のイメージを示す．誤答 0 と正答 1 からなる $\delta_{i,j}$ を式 (B.2) の尤度関数 L に代入し，それを最大にするような a_j, b_j, θ_i を同時に求めるのが IRT による評価法である．

パラメータ推定法としては最尤推定法を利用することが考えられるが，項目特性値と能力値を同時に求めることは，推定すべき未知パラメータの数が $2 \times n + N$ であるため，簡単ではない．これを解決する方法として，2 つの手法が考案されている．1 つは，周辺最尤法とベイズ理論を用いた 2 段階アルゴリズム [16] であり，もう 1 つはマルコフ連鎖モンテカルロ法 (MCMC) を応用した方法である．[65, 139] のツールには，これら両者の手法が組み込まれている．

B.2 不完全マトリクス項目反応理論

通常，IRT における応答マトリクスでは，マトリクスの要素が $\{0, 1\}$ からなる完全マトリクスを想定して，受験者の能力パラメータ θ と問題の困難度 b および識別力 a を推定している．推薦システムでは，観測データに含まれる欠測を埋めるのが問題になるので，通常取り扱う IRT では対応できていない．また，推薦システムでは，応答値も 5 段階評価などがあり，2 値情報ではない．そこで，通常の IRT を，このようなニーズに対応できるように拡張したものが EM タイプ IRT[192] である．ここでは，EM タイプ IRT が，上記の問題にどのように対処しているかを述べる．

EM タイプ IRT は，項目 j の項目特性値 a_j, b_j および受験者 i の能力値 θ_i を不完全な応答マトリクスから推定できるように通常の IRT を拡張した方法である．応答マトリクス欠測部分には適切な初期値を配置し，2 値応答 $\delta = 0, 1$ を $[0, 1]$ の実数値で使えるようにし，その後，通常の IRT を繰り返し用いながら a_j, b_j と θ_i の収束値を求めている．そのため，δ をまず有理数に拡張し，パラメータ推定には繰り返し法を用いた手順を使う．

δ の実数値への拡張

式 (B.2) において，δ は正答のとき 1，誤答のとき 0 を表す 2 値関数である．ここで，受験者が同じ困難度を持つ異なる項目について，m 回試行のうち l 回正答したと考えると，正答率から $\delta = l/m$ とみなすことで，δ に対して有理数を割り当てることができる．無理数と有理数はどちらも稠密であり，$\delta \in \mathbb{R}$ であっても，$|\delta - d| < \varepsilon$（$\varepsilon$ は小さい正の数，d は有理数）なので，$\delta \in [0, 1]$ のような実数値に対しても取り扱うことができる．

欠測セルに対する予測

まず，欠測セルに対し，$\delta_{i,j}^0 \in [0, 1]$ を満たす任意の初期値を与え，$\delta_{i,j} = 0, 1$ の観測値はそのまま残す．このとき得られる初期マトリクスは，$0 \leq \delta_{i,j}^0 \leq 1$ を満たす．初期値としては，項目 j の平均正答率 μ_j や，受験者 i の平均正答率 μ_i などが挙げられる．各パラメータの初期値を a_j^0, b_j^0, θ_i^0 とし，初期尤度 L^0 を式 (B.2) で定義する．

初期マトリクス $\{\delta_{i,j}^0\}$ を用いて，式 (B.2) の尤度 L を最大にするパラメータ

a_j^1, b_j^1, θ_i^1 を推定し，尤度 L^1 を得る．このときのパラメータ推定法は，2 段階アルゴリズムまたは MCMC のどちらかを用いることができる．この手順は，EM アルゴリズムにおける maximization ステップに対応する．

次に，得られたパラメータを用いて式 (B.1) から正答確率 $P_j(\theta_i) \in [0,1]$ が算出できる．ここで，$\hat{\delta}_{i,j} = P_j(\theta_i)$ の関係が成り立つことから，観測値および $P_j(\theta_i)$ によって $\delta_{i,j}^1$ を得る．この手順は，EM アルゴリズムにおける expectation ステップに対応する．

この 2 ステップの手順を繰り返し，L^k, $\delta_{i,j}^k$, a_j^k, b_j^k, θ_i^k ($k = 0, \ldots$) を得る．$k \to \infty$ とすれば，期待される収束値 L^∞, $\delta_{i,j}^\infty$, a_j^∞, b_j^∞, θ_i^∞ を得る．この手法は，limiting IRT (LIRT) とも呼ばれる [140]．収束値が常に一意に決定するとは保証されない [170, 160]．しかしながら，経験的には，多くの場合で，更新ステップの初期段階において単調性がない場合があるものの，少なくとも収束することがわかっている [66]．LIRT は，不完全マトリクスの完全化を行っていると考えれば，項目反応理論に限らず他の分野にも適用できる [167]．

また，得られる予測マトリクスの精度評価に，RMSE (root mean squared error) として，S^k が用いられる．これは，次式で表される観測値とそれに対応する予測値 $\hat{\delta}_{i,j}^k$ の平均二乗誤差の平方根である．

$$S^k = \sqrt{\frac{1}{|\Delta|} \sum_{(i,j)\in\Delta} (\hat{\delta}_{i,j}^k - \delta_{i,j})^2} \tag{B.3}$$

ここで，$|\Delta|$ は観測値に対応するセルの数を表す．欠測セルの予測値は，S^k に含まれないことに注意する．

この方法は，代入法 (imputation) の方法の 1 つとも考えられる．したがって，データ拡張法 (data augmentation) でもある．

あとがき

　本書では，推薦システムの中でもマトリクス分解法について多くを述べてきた．その理由は，次のとおりである．

　Netflix 社が企画した Netflix Prize コンテストは，世界中の推薦システムの専門家だけでなく，機械学習，統計学，オペレーションズリサーチなど，多くの研究者に影響を与え，その結果，推薦システムはもちろんのこと，あらゆる分野への発展に寄与する結果となった．多くのアルゴリズムが試され，優劣が競われたなかで，マトリクス分解法は特にめざましい結果を出すことがわかってきた．

　マトリクス分解法は，本書の中でもたびたび言及しているが，見方を変えることによって，従来取り扱われてきた統計分野や，機械学習分野の多くに適用が可能である．さらに，マトリクス分解法で得られた予測精度を基準にすることで，従来法を使った予測精度を測ることもできる．典型的な例は，項目反応理論 (IRT) である．IRT は，2 値の応答マトリクスを入力データとして，ユーザーとアイテムの関係にロジスティック分布を仮定したパラメトリックモデルである．欠測値はないのが普通である．ここに，マトリクス分解法を適用して，IRT と比較することで，IRT の性格がわかってくる．これは，従来法をもう一度再評価できるチャンスを与えることになる．あるいは，感染症流行の予測など，時系列解析の結果よりも優れた予測結果を与える場合がある．さらには，大規模でスパースなマトリクスを使った計算の効率化を図るための工夫も機械学習分野に波及していく．ディープラーニング計算での確率勾配法などはその一例である．

　このように，Netflix Prize コンテストを契機として，古典的な推薦システムのアルゴリズムから，機械学習，統計，オペレーションズリサーチなどの分野に刺激が与えられ，今度は，それが，新しい推薦システムのアルゴリズムを活性化させている．その原動力の 1 つのアルゴリズムがマ

トリクス分解法なのではないか，と感じて本書の構成をマトリクス分解法を核としたものにしてみた．本書のねらいが読者に伝わり，さまざまな専門分野での新しい知見が生まれることがあれば望外の喜びである．

参考文献

[1] G. Adomavicius, and A. Tuzhilin, Toward the next generation of recommender systems: A survey of the state-of-the-art and possible extensions, *IEEE Transactions on Knowledge and Data Engineering*, 17, 734-749, 2005.

[2] G. Adomavicius and Y. Kwon, New recommendation techniques for multicriteria rating systems, *IEEE Intelligent Systems*, 22, 48-55, 2007.

[3] C. Aggarwal, *Data mining: the textbook*, Springer, 2015.

[4] C. Aggarwal, *Recommender Systems: The Textbook*, Springer, 2016.

[5] C. Aggarwal and S. Parthasarathy, Mining massively incomplete data sets by conceptual reconstruction, ACM KDD Conference, 227-232, 2001.

[6] C. Aggarwal, On k-anonymity and the curse of dimensionality, Very Large Databases Conference, 901-909, 2005.

[7] C. Aggarwal and J. Han, *Frequent pattern mining*, Springer, 2014.

[8] C. Aggarwal, C. Procopiuc, and P. S. Yu, Finding localized associations in market basket dat, *IEEE Transactions on Knowledge and Data Engineering*, 14, 1-62, 2001.

[9] C. Aggarwal, J. Wolf, K.-L. Wu, and P. Yu, Horting hatches an egg: a new graphtheoretic approach to collaborative filtering, ACM KDD Conference, 201-212, 1999.

[10] G. I. Allen, L. Grosenick and J. Taylor, A Generalized Least-Square Matrix Decomposition, *Journal of the American Statistical Association*, 109, 145-159, 2014.

[11] S. Amer-Yahia, S. Roy, A. Chawlat, G. Das, and C. Yu, Group recommendation: semantics and efficiency, *Proceedings of the VLDB Endowment*, 2, 754-765, 2009.

[12] S. Anand and B. Mobasher, Intelligent techniques for Web personalization, *Lectures Notes in Computer Science*, 3169, 1-36, Springer, 2005.

[13] K. Atkinson, *An Introduction to Numerical Analysis*, 2nd Edition, Wiley, 1989

[14] M. J. Awan, R. A. Khan, H. Nobanee, A. Yasin, S. M. Anwar, U. Naseem and V. P. Singh, A Recommendation Engine for Predicting Movie Ratings Using a Big Data Approach, *Electronics MDPI*, 10, 1215, 2021.

[15] R. de Ayala, *The Theory and Practice of Item Response Theory*, Guilford Press, 2009.

[16] F.B. Baker and S-H. Kim, *Item Response Theory: Parameter Estimation Technique, 2nd ed.*, Marcel Dekker, 2004.

[17] R. Banik, *Hands-On Recommendation Systems with Python*, Packt Publishing, 2018.

[18] A. Bar, L. Rokach, G. Shani, B. Shapira, and A. Schclar, Boosting simple collaborative filtering models using ensemble methods, *Multiple Classifier Systems*, Springer, 1-12, 2013.

[19] R. Bell and Y. Koren, Scalable collaborative filtering with jointly derived neighborhood interpolation weights, IEEE International Conference on Data Mining, 43-52, 2007.

[20] R. Bell and Y. Koren, Improved neighborhood-based collaborative filtering, KDD-Cup and Workshop, ACM press, 2007.

[21] R. Bell, Y. Koren, and C. Volinsky, Modeling relationships at multiple scales to improve accuracy of large recommender systems, International Conference on Knowledge Discovery and Data Mining, 95-104, 2007.

[22] R. Bell, Y. Koren, and C. Volinsky, The BellKor solution to the Netflix Prize, 2007.

[23] R. E. Bellman, *Adaptive Control Processes*, Princeton University Press, 1961.

[24] J. Bennett and S. Lanning, The Netfix Prize, Proceedings of KDD Cup and Workshop, 2007.

[25] M. W. Berry, Large-Scale Sparse Singular Value Computations, *The International Journal of High Performance Computing Applications*, 6, 1992, 13-49.

[26] A. Beutel, P. Covington, S. Jain, C. Xu, J. Li, V. Gatto, Ed H. Chi, Latent Cross: Making Use of Context in Recurrent Recommender Systems, ACM International Conference on Web Search and Data

Mining, 46-54, 2018.

[27] L. Breiman, Bagging predictors, *Machine Learning*, 24, 12-140, 1996.

[28] J. Bobadilla, F. Ortega, A. Hernando, and A. Gutierrez, Recommender systems survey, *Knowledge-Based Systems*, 46, 109-132, 2013.

[29] B. Bouneffouf, A. Bouzeghoub, and A. Gancarski, A contextual-bandit algorithm for mobile context-aware recommender system, *Neural Information Processing*, 324-331, 2012.

[30] J. Breese, D. Heckerman, and C. Kadie. Empirical analysis of predictive algorithms for collaborative filtering, Conference on Uncertainty in Artificial Intelligence, 1998.

[31] G.E.P. Box, G.M. Jenkins, G.C. Reissel, *Time Series Analysis Forecasting and Control, 3rd edition*, Prentice Hall, 1994.

[32] R. Burke, Knowledge-based recommender systems, Encyclopedia of library and information systems, 175-186, 2000.

[33] R. Burke, Hybrid recommender systems: Survey and experiments, *User Modeling and User-adapted Interaction*, 12, 331-370, 2002.

[34] J-F Cai, E. J. Cand'es, Z. Shen, A Singular Value Thresholding Algorithm for Matrix Completion, arXiv:0810.3286v1, 18 Oct 2008.

[35] J. Canny, Collaborative filtering with privacy via factor analysis, ACM SIGR Conference, 238-245, 2002.

[36] S. Chakrabarti, *Mining the Web: Discovering knowledge from hypertext data*, Morgan Kaufmann, 2003.

[37] O. Chapelle, L. Li, An Empirical Evaluation of Thompson Sampling, *Advances in Neural Information Processing Systems*, 24, 2249-2257, 2011.

[38] L. Chen and P. Pu, Critiquing-based recommenders: survey and emerging trends, *User Modeling and User-Adapted Interaction*, 22, 125-150, 2012.

[39] M. Chen, A. Beutel, P. Covington, S. Jain, F. Belletti, Ed. H. Chi, Top-K Off-Policy Correction for a REINFORCE Recommender System, ACM International Conference on Web Search and Data Mining, 456-464, 2019.

[40] P. Covington, J. Adams, E. Sargin, Deep Neural Networks for YouTube Recommendations, 10th ACM Conference on Recommender Systems, 191-198, 2016.

[41] L. Coyle and P. Cunningham, Improving recommendation ranking by learning personal feature weights, European Conference on Case-Based Reasoning, Springer, 560-572, 2004.

[42] A. Culotta, Detecting influenza outbreaks by analyzing Twitter messages, *Science*, 16, Issue: May, 1-11, 2010.

[43] A. Das, M. Datar, A. Garg, and S. Rajaram, Google news personalization: scalable online collaborative filtering, World Wide Web Conference, 271-280, 2007.

[44] A.P. Dempster, N.M. Laird, and D.B. Rubin, Maximum Likelihood from Incomplete Data via the EM Algorithm, *Journal of the Royal Statistical Society, Series B*, 39, 1-38, 1977.

[45] M. Deshpande and G. Karypis, Item-based top-n recommendation algorithms, *ACM Transactions on Information Systems*, 22, 143-177, 2004.

[46] C. Desrosiers and G. Karypis, A comprehensive survey of neighborhood-based recommendation methods, *Recommender Systems Handbook*, 107-144, 2011.

[47] C. Eckart, G. Young, The Approximation of One Matrix by Another of Lower Rank, *Psychometrika*, 1, 1936, pp.211-218.

[48] K. Falk, Practical Recommender Systems, in New Directions in Deep Learning bundle, DRM-free Kindle, 2019.

[49] A. Felfernig, E. Teppan, E., and B. Gula, Knowledge-based recommender technologies for marketing and sales, *International Journal of Pattern Recognition and Artificial Intelligence*, 21, 333-354, 2007.

[50] A. Felfernig, G. Friedrich, D. Jannach, and M. Zanker, Developing constraint-based recommenders, *Recommender Systems Handbook*, Springer, 187-216, 2011.

[51] R. Fletcher, *Practical Methods of Optimization*, Wiley, 2000.

[52] F. Fouss, A. Pirotte, J. Renders, and M. Saerens. Random-walk computation of similarities between nodes of a graph with application to collaborative recommendation, *IEEE Transactions on Knowledge and Data Engineering*, 19, 355-369, 2007.

[53] Y. Freund, and R. Schapire, A decision-theoretic generalization of online learning and application to boosting, Computational Learning Theory, 23-37, 1995.

[54] Y. Freund and R. Schapire, Experiments with a new boosting algo-

rithm, ICML Conference, 148-156, 1996.

[55] R. Gemulla, E. Nijkamp, P. Haas, and Y. Sismanis, Large-scale matrix factorization with distributed stochastic gradient descent, ACM KDD Conference, 69-77, 2011.

[56] K. Goldberg, T. Roeder, D. Gupta, and C. Perkins, Eigentaste: A constant time collaborative filtering algorithm, *Information Retrieval*, 4, 133-151, 2001.

[57] G.H. Golub, and C.F. Van Loan, *Matrix Computations*, Johns Hopkins Univ. Press, 2012.

[58] M. Goyani and N. Chaurasiya, A Review of Movie Recommendation System: Limitations, Survey and Challenges, *Electronic Letters on Computer Vision and Image Analysis*, 19, 18-37, 2020.

[59] Gur, A. J. Zeevi, O. Besbes, Stochastic Multi-Armed-Bandit Problem with Non-stationary Rewards, *Advances in Neural Information Processing System*, 27, 199-207, 2014.

[60] R. Hambleton, H. Swaminathan, and H. J. Rogers, *Fundamentals of Item Response Theory*, Sage Publications, 1991.

[61] T. Hasti, R. Mazumder, J.D. Lee, R. Zadeh, Matrix Completion and Low-Rank SVD via Fast Alternating Least Squares, *Journal of Machine Learning Research*, 16, 3367-3402, 2015.

[62] T. Hastie, R. Tibshirani, J. Friedman, *The Elements of Statistical Learning: Data Mining, Inference, and Prediction*, Springer, 2009.

[63] J. Herlocker, J. Konstan, L. Terveen, and J. Riedl. Evaluating collaborative filtering recommender systems, *ACM Transactions on Information Systems*, 22, 5-53, 2004.

[64] H. Hirose, *The Bump Hunting by the Decision Tree with the Genetic Algorithm, in Advances in Computational Algorithms and Data Analysis*, chapter 21, pp.305-318, Springer, 2008.

[65] H. Hirose and T. Sakumura, Test evaluation system via the web using the item response theory, Computer and Advanced Technology in Education, 152-158, 2010.

[66] H. Hirose, T. Sakumura, Item Response Prediction for Incomplete Response Matrix Using the EM-type Item Response Theory with Application to Adaptive Online Ability Evaluation System, IEEE International Conference on Teaching, Assessment, and Learning for Engineering, 8-12, 2012.

[67] H. Hirose, L. Wang, Prediction of Infectious Disease Spread using Twitter: A Case of Influenza, the 5th International Symposium on Parallel Architectures, Algorithms and Programming, 100-105, 2012.

[68] H. Hirose, A seasonal infectious disease spread prediction method by using the singular-value decomposition, The First BMIRC International Symposium on Frontiers in Computational Systems Biology and Bioengineering, 2013.

[69] H. Hirose, T. Nakazono, M. Tokunaga, T. Sakumura, S.M. Sumi, J. Sulaiman, Seasonal Infectious Disease Spread Prediction Using Matrix Decomposition Method, the 4th International Conference on Intelligent Systems, Modelling and Simulation, 121-126, 2013.

[70] H. Hirose, J. Sulaiman, M. Tokunaga, Seasonal Rainfall Prediction Using the Matrix Decomposition Method, *Studies in Computational Intelligence* (R. Lee (Edi)), 492, 173-185, Springer, 2013.

[71] H. Hirose, J. B. Sulaiman, M. Tokunaga, Seasonal Rainfall Prediction Using the Matrix Decomposition Method, 14th IEEE/ACIS International Conference on Software Engineering, Artificial Intelligence, Networking and Parallel/Distributed Computing, 2013.

[72] H. Hirose, Some methods to predict risks earlier, Ishigaki international conference on modern statistics theories, practices, and education in the 21st century, 2013.

[73] H. Hirose, M. Tokunaga, T. Sakumura, J. Sulaiman, H. Darwis, Matrix Approach for the Seasonal Infectious Disease Spread Prediction, 6th Asia-Pacific International Symposium on Advanced Reliability and Maintenance Modeling, 137-144, 2014.

[74] H. Hirose, M. Tokunaga, T. Sakumura, J. Sulaiman, H. Darwis, Matrix Approach for the Seasonal Infectious Disease Spread Prediction, *IEICE Transactions on Fundamentals*, E98-A, 2010-2017, 2015.

[75] H. Hirose, Matrix Decomposition Perspective for Accuracy Assessment of Item Response Theory, arXiv:2203.03112v1, 7 Mar 2022.

[76] H. Hirose, Fluctuations of ability Estimates in Testing in Item Response Theory, submitted.

[77] Z. Huang, X. Li, and H. Chen, Link prediction approach to collaborative filtering, ACM/IEEE-CS joint conference on Digital libraries, 141-142, 2005.

[78] A. Jameson and B. Smyth, Recommendation to groups, *The Adaptive*

Web, 596-627, 2007.

[79] A. Jameson, More than the sum of its members: challenges for group recommender systems, Proceedings of the working conference on Advanced visual interfaces, 48-54, 2004.

[80] D. Jannach, *Recommender Systems: An Introduction*, Cambridge University Press, 2010.

[81] D. Jannach, M. Zanker, A. Felfernig, and G. Friedrich, *An introduction to recommender systems*, Cambridge University Press, 2011.

[82] R. Kannan, M. Ishteva, and H. Park, Bounded matrix factorization for recommender system. *Knowledge and Information Systems*, 39, 491-511, 2014.

[83] M. Kaminskas and F. Ricci, Contextual music information retrieval and recommendation: State of the art and challenges, *Computer Science Review*, 6, 89-119, 2012.

[84] M.G. Kendall, A. Stuart, *Advanced Theory of Statistics*, Macmillan Pub Co, 1983.

[85] Kermack, W. O., McKendrick, A. G., Contributions to the mathematical theory of epidemics-iii. further studies of the problem of endemicity, in: Proceedings of the Royal Society, 94-122, 1933.

[86] O. Khalid, *Big Data Recommender Systems: Algorithms, Architectures, Big Data, Security and Trust*, The Institution of Engineering and Technology, 2019.

[87] D. Kempe, J. Kleinberg, and E. Tardos, Maximizing the spread of influence through a social network, International Conference on Knowledge Discovery and Data Mining, 137-146, 2003.

[88] T. Kiyosue, H. Hirose, Seasonal Infectious Disease Spread Prediction via the Large Scale Matrix Approach, 2nd International Symposium on Applied Engineering and Sciences, Big Data Session 1, 2014

[89] J. A. Konstan, B. N. Miller, D. Maltz, J. L. Herlocker, L. R. Gordon, and J. Riedl, GroupLens: applying collaborative fltering to Usenet news. *Communications of the ACM*, 40, 77-87, 1997.

[90] J. Konstan, Introduction to recommender systems: algorithms and evaluation, *ACM Transactions on Information Systems*, 22, 1-4, 2004.

[91] Y. Koren, Factorization Meets the Neighborhood: a Multifaceted Collaborative Filtering Model, Proc. 14th ACM Int. Conference on

Knowledge Discovery and Data Mining (KDD'08), ACM press, 2008.

[92] Y. Koren, Factorization meets the neighborhood: a multifaceted collaborative filtering model, ACM KDD Conference, pp. 426-434, 2008. Extended version of this paper appears as: "Y. Koren. Factor in the neighbors: Scalable and accurate collaborative filtering. ACM Transactions on Knowledge Discovery from Data (TKDD), 4, 2010.

[93] Y. Koren, Collaborative filtering with temporal dynamics, ACM KDD Conference, pp. 447-455, 2009. Another version also appears in the Communications of the ACM, 53, 89-97, 2010.

[94] Y. Koren, The Bellkor solution to the Netflix grand prize. Netflix prize documentation, 81, 2009.

[95] Y. Koren, R. Bell, and C. Volinsky, Matrix factorization techniques for recommender systems, *Computer*, 42, 30-37, 2009.

[96] B. Krulwich, Lifestyle finder: Intelligent user profiling using large-scale demographic data, *AI Magazine*, 18, 37-45, 1995.

[97] D. Lee, and H.S. Seung, Algorithms for Non-negative Matrix Factorization, Advances in Neural Information Processing Systems 13 (NIPS 2000), 535-541, 2000.

[98] L. Li, W. Chu, J. Langford, and R. Schapire, A contextual-bandit approach to personalized news article recommendation, World Wide Web Conference, 661-670, 2010.

[99] M. Li, T. Zhang, Y. Chen, and A. Smola, Efficient mini-batch training for stochastic optimization, ACM KDD Conference, 661-670, 2014.

[100] G. Linden, B. Smith, and J. York, Amazon.com recommendations: item-to-item collaborative filtering. *IEEE Internet Computing*, 7, 76-80, 2003.

[101] W. J. van der Linden, *Handbook of Item Response Theory*, Chapman and Hall/CRC, 2016.

[102] R. Little and D. Rubin, *Statistical analysis with missing data*, Wiley, 2002.

[103] B. Liu, *Web data mining: exploring hyperlinks, contents, and usage data*, Springer, New York, 2007.

[104] F. Lorenzi and F. Ricci, Case-based recommender systems: a unifying view. Intelligent Techniques for Web Personalization, 89-113, Springer, 2005.

[105] L. Lu, M. Medo, C. Yeung, Y. Zhang, Z. Zhang, and T. Zhou, Recommender systems, *Physics Reports*, 519, 1-49, 2012.

[106] Q. Lu, and L. Getoor, Link-based classification, ICML Conference, 496-503, 2003.

[107] C.-C. Ma, Large-scale collaborative fltering algorithms, Master's thesis, National Taiwan University, 2008.

[108] M.W. Mahoneya, P. Drineas, CUR matrix decompositions for improved data analysis, *PNAS*, 106, 2009, 697-702.

[109] N. Manouselis and C. Costopoulou, Analysis and classification of multi-criteria recommender systems, *World Wide Web*, 10, 415-441, 2007.

[110] C. Manning, P. Raghavan, and H. Schutze, *Introduction to information retrieval*, Cambridge University Press, Cambridge, 2008.

[111] J. Masthoff, Group recommender systems: combining individual models. *Recommender Systems Handbook*, Springer, 677-702, 2011.

[112] J. Masthoff. Group modeling: Selecting a sequence of television items to suit a group of viewers, *Personalized Digital Television*, 93-141, 2004.

[113] R. Mazumder, T. Hastie, R. Tibshirani, Spectral Regularization Algorithms for Learning Large Incomplete Matrices, *Journal of Machine Learning Research*, 11, 2287-2322, 2010.

[114] B. Mehta, and T. Hofmann, A survey of attack-resistant collaborative filtering algorithms. *IEEE Data Enginerring Bulletin*, 31, 14-22, 2008.

[115] J. McCarthy and T. Anagnost, MusicFX: An Arbiter of Group Preferences for Computer Supported Collaborative Workouts, ACM Conference on Computer Supported Cooperative Work, 363-372, 1998.

[116] K. McCarthy, L. McGinty, B. Smyth, and M. Salamo, The needs of the many: a casebased group recommender system, Advances in Case-Based Reasoning, 196-210, 2004.

[117] K. McCarthy, M. Salamo, L. McGinty, B. Smyth, and P. Nicon, Group recommender systems: a critiquing based approach, International Conference on Intelligent User Interfaces, 267-269, 2006.

[118] L. McGinty and J. Reilly, On the evolution of critiquing recommenders, *Recommender Systems Handbook*, Springer, 419-453, 2011.

[119] B. N. Miller, I. Albert, S. K. Lam, J. A. Konstan, and J. Riedl,

Movielens unplugged: experiences with an occasionally connected recommender system. In IUI'03, 2003.

[120] B. Mobasher, R. Burke, R. Bhaumik, and C. Williams, Toward trustworthy recommender systems: an analysis of attack models and algorithm robustness, *ACM Transactions on Internet Technology*, 7, 23, 2007.

[121] S. N. Mohanty, *Recommender System with Machine Learning and Artificial Intelligence*, Wiley, 2020.

[122] R. J. Mooney and L. Roy, Content-based book recommending using learning for text categorization, ACM Conference on Digital libraries, 195-204, 2000.

[123] A. Narayanan and V. Shmatikov, How to break anonymity of the Netflix prize dataset, arXiv preprint cs/0610105, 2006.

[124] J.A. Nelder and R. Mead, A simplex method for function minimization, *The Computer Journal*, 7, 308-313, 1965.

[125] S. Parthasarathy and C. Aggarwal, On the use of conceptual reconstruction for mining massively incomplete data sets, *IEEE Transactions on Knowledge and Data Engineering*, 15, 1512-1521, 2003.

[126] M. Pazzani, A framework for collaborative, content-based and demographic filtering, *Artificial Intelligence Review*, 13, 5-6, 1999.

[127] A. Paterek, Improving regularized Singular Value Decomposition for collaborative filtering. Proceedings of KDD Cup and Workshop, 2007.

[128] A. Paterek, Predicting movie ratings and recommender systems, 2012. http://arek-paterek.com/book/

[129] E. Polak, *Optimization: Algorithms and Consistent Approximations*, Springer, 1997.

[130] H. Polat and W. Du, Privacy-preserving collaborative filtering using randomized perturbation techniques, IEEE International Conference on Data Mining, 625-628, 2003.

[131] H. Polat and W. Du, SVD-based collaborative filtering with privacy, ACM symposium on Applied Computing, 791-795, 2005.

[132] J. Rennie and N. Srebro, Fast maximum margin matrix factorization for collaborative prediction, ICML Conference, 713-718, 2005.

[133] P. Resnick, N. Iacovou, M. Suchak, P. Bergstrom, and J. Riedl, GroupLens: an open architecture for collaborative filtering of netnews, Proceedings of the ACM Conference on Computer Supported Coop-

erative Work, 175-186, 1994.

[134] E. Rich. User modeling via stereotypes, *Cognitive Science*, 3, 329-354, 1979.

[135] F. Ricci, L. Rokach, B. Shapira, and P. Kantor, *Recommender systems handbook*, Springer, 2011.

[136] F. Ricci, *Recommender Systems Handbook 2nd ed.*, Springer, 2015.

[137] F. Ricci, *Statistical Methods for Recommender Systems*, Cambridge University Press, 2016.

[138] N. Rubens, D. Kaplan, and M. Sugiyama, Active learning in recommender systems. *Recommender Systems Handbook*, Springer, 735-767, 2011.

[139] T. Sakumura and H. Hirose, Test Evaluation System via the Web using the Item Response Theory, *Information*, 13, 647-656, 2010.

[140] T. Sakumura, T. Kuwahata and H. Hirose, An adaptive online ability evaluation system using the item response theory, Education and e-Learning, 51-54, 2011.

[141] T. Sakumura and H. Hirose, Making up the Complete Matrix from the Incomplete Matrix Using the EM-type IRT and Its Application, *Transactions on Information Processing Society of Japan (TOM)*, 72, 2014, 17-26.

[142] R. Salakhutdinov, A. Mnih, and G. Hinton, Restricted Boltzmann Machines for collaborative filtering. In Proceedings of the 24th international conference on Machine learning, 791-798, 2007.

[143] R. Salakhutdinov and A. Mnih, Probabilistic Matrix Factorization, In J. Platt, D. Koller, Y. Singer, and S. Roweis, editors, Advances in Neural Information Processing Systems 20, 1257-1264. MIT Press, Cambridge, MA, 2008.

[144] R. Salakhutdinov, and A. Mnih, Probabilistic matrix factorization. Advances in Neural and Information Processing Systems, 1257-1264, 2007.

[145] B. Sarwar, J. Konstan, A. Borchers, J. Herlocker, B. Miller, and J. Riedl, Using filtering agents to improve prediction quality in the grouplens research collaborative filtering system, ACM Conference on Computer Supported Cooperative Work, 345-354, 1998.

[146] B. M. Sarwar, G. Karypis, J. A. Konstan, and J. Riedl, Application of dimensionality reduction in recommender system - a case study,

WEBKDD'2000.

[147] B. Sarwar, G. Karypis, J. Konstan, and J. Riedl. Application of dimensionality reduction in recommender system - a case study. WebKDD Workshop at ACM SIGKDD Conference, 2000. Also appears at Technical Report TR-00-043, University of Minnesota, Minneapolis, 2000.

[148] B. Sarwar, G. Karypis, J. Konstan, and J. Riedl. Item-based collaborative filtering recommendation algorithms, World Wide Web Conference, 285-295, 2001.

[149] J. Schafer, D. Frankowski, J. Herlocker,and S. Sen, Collaborative filtering recommender systems, *Lecture Notes in Computer Science*, 4321, 291-324, 2006.

[150] A. Schein, A. Popescul, L. Ungar, and D. Pennock, Methods and metrics for cold-start recommendations, ACM SIGIR Conference, 2002.

[151] G. Shani and A. Gunawardana, Evaluating recommendation systems, *Recommender Systems Handbook*, 257-297, 2011.

[152] U. Shardanand and P. Maes, Social information filtering: algorithms for automating word of mouth, ACM Conference on Human Factors in Computing Systems, 1995.

[153] Y. Shi, M. Larson, and A. Hanjalic, Collaborative filtering beyond the user-item matrix: A survey of the state of the art and future challenges, *ACM Computing Surveys (CSUR)*, 47, 3, 2014.

[154] B. Smyth and P. Cotter, A personalized television listings service, *Communications of the ACM*, 43, 107-111, 2000.

[155] A. Sportissea, C. Boyera, J. Josse, Imputation and low-rank estimation with Missing Not At Random data, arXiv:1812.11409v3, 29, 2020.

[156] G. Strang, Multiplying and Factoring Matrices, *The American Mathematical Monthly*, 223-230, 2018.

[157] G. Strang, *Introduction to Linear Algebra*, Wellesley-Cambridge Press, 2021.

[158] A. Stahl, Learning feature weights from case order feedback. International Conference on Case-Based Reasoning, 502-516, 2001.

[159] X. Su and T. Khoshgoftaar, A survey of collaborative filtering techniques. *Advances in artificial intelligence*, 4, 2009.

[160] H.K. Suen and P.S.C. Lee, *Constraint optimization: An alternative*

perspective of IRT parameter estimation, chapter 17, 289-300, Norwood, NJ, 1994.

[161] M. Sweeney, H. Rangwala, J. Lester, A. Johri, NextTerm Student Performance Prediction: A Recommender Systems Approach. arXiv:1604.01840v1 [cs.CY] 7 Apr 2016.

[162] P. Symeonidis, A. Zioupos, *Matrix and Tensor Factorization Techniques for Recommender Systems*, Springer, 2017.

[163] J. Sill, G. Takacs, L. Mackey, and D. Lin, Feature-weighted linear stacking, arXiv preprint, arXiv:0911.0460, 2009.

[164] N. Tintarev and J. Masthoff, Designing and evaluating explanations for recommender systems. *Recommender Systems Handbook*, Springer, 479-510, 2011.

[165] O. Troyanskaya, M. Cantor, G. Sherlock, P. Brown, T. Hastie, R. Tibshirani, D. Botstein and R.B. Altman, Missing Value Estimation Methods for DNA Microarrays, *Bioinformatics*, 2001, 520-525.

[166] A. Tsoukias, N. Matsatsinis, and K. Lakiotaki, Multi-criteria user modeling in recommender systems, *IEEE Intelligent Systems*, 26, 64-76, 2011.

[167] W.C. Tseng, T.M.Y. Lin, J.J. Ni, T. Nakazono, T. Sakumura, H. Hirose: Rank Estimation by Making up Incomplete Questionnaire Matrix: A Case of Online Word of Mouth of Service Quality in Airlines, Japan Operations Research Conference, 72-73. 2012.

[168] K. Verstrepen and B. Goethals, Unifying nearest neighbors collaborative filtering, ACM Conference on Recommender Systems, 177-184, 2014.

[169] J. Wang, A. de Vries, and M. Reinders, Unifying user-based and item-based similarity approaches by similarity fusion, ACM SIGIR Conference, 501-508, 2006.

[170] W.M. Yen, G.R. Burket and R.C. Sykes, Nonunique solutions to the likelihood equation for the three-parameter logistic model, *Psychometrika*, 56, 39-54, 1991.

[171] H. Yildirim, and M. Krishnamoorthy, A random walk method for alleviating the sparsity problem in collaborative filtering, ACM Conference on Recommender Systems, 131-138, 2008.

[172] Z. Yu, X. Zhou, Y. Hao, and J. Gu, TV program recommendation for multiple viewers based on user profile merging, *User Modeling and*

User-Adapted Interaction, 16, 63-82, 2006.

[173] T. Yukizane, S. Ohi, E. Miyano, H. Hirose, The bump hunting method using the genetic algorithm with the extreme-value statistics, *IEICE Transactions D, on Information and Systems*, E89-D, 2332-2339, 2006.

[174] R. Zafarani, M. A. Abbasi, and H. Liu, *Social media mining: an introduction*, Cambridge University Press, 2014.

[175] M. Zanker, M. Aschinger, and M. Jessenitschnig, Development of a collaborative and constraint-based web configuration system for personalized bundling of products and services, Web Information Systems Engineering, 273-284, 2007.

[176] M. Zanker, M. Aschinger, and M. Jessenitschnig, Constraint-based personalised configuring of product and service bundles, *International Journal of Mass Customisation*, 3, 407-425, 2010.

[177] S. Zhang, W. Wang, J. Ford, F. Makedon, and J. Pearlman, Using Singular Value Decomposition approximation for collaborative filtering, Seventh IEEE International Conference on E-Commerce Technology, 257-264, 2005.

[178] S. Zhang, J. Ford, and F. Makedon, Deriving Private Information from Randomly Perturbed Ratings, SIAM Conference on Data Mining, 59-69, 2006.

[179] 新井仁之, 線形代数—基礎と応用, 日本評論社, 2006.

[180] 今泉允聡, 深層学習の原理に迫る—数学の挑戦, 岩波書店, 2021.

[181] 奥健太, 基礎から学ぶ推薦システム—情報技術で嗜好を予測する, コロナ社, 2022.

[182] 風間正弘, 飯塚洸二郎, 松村優也, 推薦システム実践入門—仕事で使える導入ガイド, オライリージャパン, 2022.

[183] 川久保勝夫, 線形代数学, 日本評論社, 2010.

[184] 亀岡弘和, 非負値行列因子分解, 計測と制御, 51, 835-844, 2012.

[185] 鈴木大慈, 確率的最適化, 講談社, 2015.

[186] 滝本清仁, 廣瀬英雄, 大規模データベースにおける推薦システムと嗜好予測アルゴリズム, 情報処理学会火の国シンポジウム 2009, C-3-4, 2009.

[187] 廣瀬英雄, パズル—マ☆リックスの空☆を埋める, スポーツと統計科学の融合シンポジウム II 特別講演, 政策研究大学院大学, 2010.

[188] 廣瀬英雄, 作村建紀, 一井秀三, 確率構造を仮定したときの推薦システムとそのアンケート評価への適用, 情報処理学会火の国シンポジウム 2011,

B-5-1, 2011.

[189] 廣瀬英雄, 実例で学ぶ確率・統計, 日本評論社, 2014.

[190] 廣瀬英雄, 災害による被害拡大の予測について—感染症流行の予測を中心に-, *IEICE Fundamentals Review*, 10, 266-274, 2017.

[191] 齋藤正彦, 線型代数入門, 東京大学出版会, 1966.

[192] 作村建紀, 徳永正和, 廣瀬英雄, EM タイプ IRT による不完全マトリクスの完全化とその応用, 情報処理学会論文誌, 数理モデル化と応用, 7, 17-26, 2014.

[193] D.K. Agarwal, B.C. Chen, 島田 直希 (翻訳), 大浦 健志 (翻訳), 推薦システム, 統計的機械学習の理論と実践, 共立出版, 2018.

[194] 冨岡亮太, スパース性に基づく機械学習, 講談社, 2015.

[195] 本多淳也, 中村篤祥, バンディット問題の理論とアルゴリズム, 講談社, 2016.

[196] 森村哲郎, 強化学習, 講談社, 2019.

[197] https://web.archive.org/web/20160725092832/http://www.the-ensemble.com/

索　引

〈著者紹介〉

廣瀬英雄（ひろせ ひでお）

1977 年　九州大学理学部数学科卒業
現　　在　久留米大学バイオ統計センター客員教授，中央大学研究開発機構教授，九州工業大学名誉教授，
　　　　　工学博士
専　　門　データサイエンス
主　　著　『1 変数の微積分—Web アシスト演習付』（培風館，2020 年，共著）
　　　　　『実例で学ぶ確率・統計』（日本評論社，2014 年，単著）
　　　　　『日本統計学会公式認定 統計検定 1 級対応 統計学』（東京図書，2013 年，分担執筆）

統計学 One Point 22

推薦システム

—マトリクス分解の多彩なすがた—

Recommender Systems:
Versatile Aspects of
Matrix Decomposition

2022 年 12 月 20 日　初版 1 刷発行

著　者　廣瀬英雄　　ⓒ 2022

発行者　南條光章

発行所　**共立出版株式会社**

〒112-0006
東京都文京区小日向 4-6-19
電話番号　03-3947-2511（代表）
振替口座　00110-2-57035
www.kyoritsu-pub.co.jp

印　刷　大日本法令印刷

製　本　協栄製本

一般社団法人
自然科学書協会
会員

検印廃止
NDC 417

ISBN 978-4-320-11273-5

Printed in Japan